海洋渔业科学与技术

海洋酸化对全球渔业及东白令海渔业资源的影响

陈新军　陈　芃◎著

海洋出版社

2022年·北京

图书在版编目（CIP）数据

海洋酸化对全球渔业及东白令海渔业资源的影响 / 陈新军, 陈芃著. — 北京 : 海洋出版社, 2022.3

ISBN 978-7-5210-0895-1

Ⅰ. ①海… Ⅱ. ①陈… ②陈… Ⅲ. ①白令海－海洋－水体酸化－影响－海洋渔业－水产资源－研究 Ⅳ. ①S931

中国版本图书馆CIP数据核字(2022)第004490号

责任编辑：杨　明
责任印制：安　森

海洋出版社 出版发行
http://www.oceanpress.com.cn
北京市海淀区大慧寺路 8 号　邮编：100081
鸿博昊天科技有限公司印刷　新华书店北京发行所经销
2022年7月第1版　2022年7月第1次印刷
开本：787mm × 1092mm　1 / 16　印张：10
字数：144千字　定价：60.00元
发行部：010-62100090　邮购部：010-62100072　总编室：010-62100034

前　言

海洋酸化（ocean acidification）是目前备受人们关注的全球性问题，其中海洋酸化对海洋生物及生态系统的影响是目前热点的研究内容之一。海洋酸化与渔业资源关系密切。海洋酸化对渔业资源的影响是多方面的，渔业资源本身也对海洋酸化存在复杂的响应。海洋酸化有可能会造成某一渔业种群崩溃，群落和生态系统结构变化，同时给渔业经济和社会带来不利的影响。为此，本专著拟根据全球渔业数据和海洋酸化数据等，对海洋酸化背景下全球各国专属经济区捕捞产业潜在风险进行评估，并选取渔业资源丰富且受海洋酸化影响较为严重的区域（东白令海大陆架海域）作为研究对象，研究东白令海大陆架海域近年来海洋酸化的时空变化趋势，分析海洋酸化下主要物种的空间上的变动及资源丰度的变动，结合生态系统模型分析捕捞和海洋酸化对海域生态系统及各种类渔业的影响，相关内容可为渔业科学及管理者研究海洋酸化乃至气候变化对渔业的影响提供理论和方法的相关参考。

本专著共分五章。第1章为绪论，重点描述研究背景及意义、球海洋酸化研究现状分析，以及海洋酸化与渔业及渔业资源的关系研究评述。第2章为海洋酸化情况下全球各国专属经济区海洋捕捞产业潜在风险评估。利用气候模型预测的两种情景下（共享社会经济路径情景，shared socioeconomic pathway，SSP1-2.6和SSP5-8.5情景），及全球沿海国产量和社会经济上与捕捞产业的相关指标，构建了海洋酸化情况下全球各国专属经济区海洋捕捞产业潜在风险评估模型，对21世纪中叶（2050—2054年）全球各国专属经济区海洋捕捞产业受到的潜在风险进行评估。研究表明，海洋酸化下捕捞产业的潜在风险主要来源于捕捞结构、经济因素以及渔业产业对产业结构和产能变化时的适应能力。第3章为海洋酸化对东白令海大陆架水域渔业资源的影响，分析了东白令海大陆架水域海洋酸化时空变动及影响因素，海水pH变动对东白令海大陆架区域渔业资源栖息地变动的影响，以及海水pH变动对东白令大陆架海域渔业资源丰度变动的影响。第4章为海洋酸化下东白令海大陆架海域渔业生态系统模拟研究。研究发现，除了中上层渔获种类的资源量和捕捞量，海洋酸化对该生态系统的总资源量和总捕捞量及其他渔业资源量和捕捞量都存在下降的趋势，其中海洋酸化对蟹类的影响最为严重，2100年与2015年相比，未来海洋酸化可能造成海域蟹类资源量下降11.65%～26.80%，总产量下降18.03%～39.43%；海洋酸化还会带来海域生物多样性的减少，生态系统群落结构的改变。第5章为结论与展望，同时对存在的不足和今后需要进一步研究的问题进行了探讨。

本专著初步研究了海洋酸化背景下对全球海洋渔业的影响，将有助于我们对全球气候变化背景下渔业资源变动机制及其规律的认识，也有助于拓展这一领域的研究工作，丰富和发展渔业海洋学、海洋生态系统动力学的理论与方法。由于时间仓促，本书覆盖内容广，且国内缺乏同类的参考资料，因此难免会存在一些错误。望读者批评和指正。

本专著得到国家重点研发计划（2019YFD0901400）、国家自然科学基金项目（NSFC41876141），以及国家双一流学科（水产学）等资助。

著　者

2020年12月

目　录

第1章　绪　论

1.1　研究背景及意义

海洋酸化（ocean acidification）指的是海水pH逐年降低的现象（Caldeira和Wickett，2003），与人类排放二氧化碳量逐年增加密切相关，观测研究发现，在北太平洋阿罗哈（Aloha）站点观测海水pH及二氧化碳分压的时间变动与其临近莫纳罗（Mauna Loa）站点观测大气二氧化碳分压的变动趋势近乎一致的负相关关系，海水的年pH下降速率为0.001 88（Feely et al., 2009）（图1-1）。以联合国政府间气候变化专门委员会（Intergovernmental Panel on Climate Change，IPCC）中IS92a的二氧化碳的排放模式为依据，预计2300年全球表层海水pH将最大降低0.77个单位（Caldeira和Wickett，2003）。

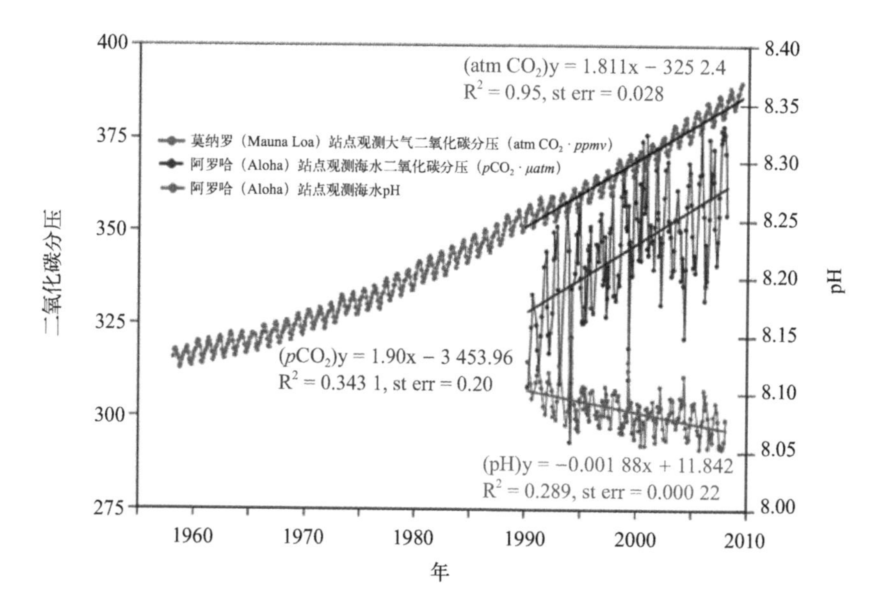

图1-1　北太平洋的莫纳罗（Mauna Loa）站点观测大气二氧化碳浓度与其临近海域阿罗哈（Aloha）站点观测海水pH及二氧化碳分压（Feely et al., 2009）

海洋酸化已成为除全球海水变暖以外另一个备受学者们关注的海洋气候问题，海洋酸化概念的提出引起了学者们的广大兴趣，他们基于各自不同的专业角度对海洋酸化的现象、机制和影响展开了诸多研究，其中海洋酸化对海洋生物的影响是当下的研究热点之一（陈芃等，2018）。海洋生物不仅是海洋的重要组成部分，还是渔业开发的对象，其产品为人类提供优良的蛋白质。根据联合国粮农组织（FAO）的统计资料表明（Food and Agriculture Organization of the United Nations，2018），目前世界海洋水产品捕捞的总量要大于水产养殖总量的2～3倍，且水产养殖一般发生在近岸，是可控的，而捕捞影响的是全球范围内的海洋生物及生态系统。因此，研究海洋酸化与渔业资源动态两者的关系对于保护海洋生物、维持生态系统的稳定发展以及保持渔业的可持续发展具有重要的意义。

为此，研究首先从宏观入手，进行海洋酸化情况下全球各国专属经济区渔业产业潜在风险评估；继而选取渔业受海洋酸化影响较为严重的区域（东白令海大陆架水域）作为研究对象，首先研究东白令海大陆架海域近年来海洋酸化的时空变化趋势；进而分析海洋酸化下渔业资源的空间变动及资源丰度的变动；最后结合生态系统模型分析捕捞和海洋酸化对海域生态系统及各种类渔业的影响，并进行应对策略分析。研究可为渔业科学及管理者研究海洋酸化乃至气候变化对渔业的影响提供理论和方法的基础。

1.2 全球海洋酸化研究现状分析

目前，不少研究从不同角度对海洋酸化进行了分析。对海洋酸化研究现状的梳理有助于从整体把握其研究现状，揭示其中存在的问题，提出研究前沿方向。国内外已有不少关于海洋酸化研究的综述文献出现：例如：2011年，Gattuso和Hansson（2011）出版了专著《Ocean Acidification》，该专著汇编了诸多学者之前对海洋酸化现象和机理的研究成果并重点阐述了海洋酸化对不同类型海洋生物的影响；唐启升等（2013）综述了海洋酸化及其与海洋生物和生态系统的关系的相关研究；张成龙等（2012）则专门阐述了海洋酸化对珊瑚礁生态系统的影响的相关成果。然而，文献综述虽然能够对一定时期内已有研究成果、存在问题进行分析、归纳、整理和评述，同时预测发展、研究的趋势（王琪，2010），但是由于这种方法通常基于归纳和总结已有研究的基础上，学者对文献的选择存在很强的主观性，研究成果较多的情况下难免存在遗漏。此外综述中未有一篇文献能够完全概括目前海洋酸化所涉及的学科内容：以ISI Web of Science期刊引文数据库为例，以“ocean acidification”为主题词同时标题中包含“review”进行检索，共检索到的文献有58篇（截至2017年7月），对这些文献进行分析发现，几乎所有的综述都是总结海洋酸化对某一具体问题的研究结果，例如Lemasson等（2017）总结了海洋酸化对牡蛎生物学影响的研究成果；Segman等（2016）则通过综合扇藻属（*Padina* spp.）的一些藻类的研究，揭示出海洋酸化对钙化藻类的影响。然而，海洋酸化所涉及的整体知识框架如何？研究热点随着时间的动态变化及前沿研究问题有哪些？我们不得而知。

因此针对这些问题，本部分首先采用文献计量分析（Bibliometric Analysis）的方法，以海洋酸化概念提出后（2004年以后）ISI Web of Science期刊引文数据库中涉及海洋酸化研究的所有文献为样本，对文献的增长趋势及期刊分布进行描述统计，并基于关键词的知识图谱及突变分析的方法探究不同时期研究海洋酸化的热点关注方向。分析目的是希望能够客观地揭示海洋酸化的研究态势，为学者整体把握其研究现状提供依据。

文献计量分析的具体方法描述如下：

（1）数据来源

研究的文献样本来源于ISI Web of Science期刊引文数据库中的Web of Science核心合集。以“ocean acidification”为主题词进行文献检索，检索时间为海洋酸化概念提出后2004年至2018年2月。提取结果中的论文题目、发表年份、作者、关键词和引用文献作为分析样本。

（2）方法

1）描述统计

描述统计分为文献增长规律及期刊分布规律分析。文献增长规律即分年份统计涉及海洋酸化的文献数量，以期能够从整体把握学者对海洋酸化的关注趋势；期刊分布规律即分不同期刊统计研究海洋酸化涉及的文章数量，以期对海洋酸化所涉及的学科有初步了解。

2）基于关键词的共现知识图谱

知识图谱是以科学知识为研究对象，以一定的方法描述科学知识的发展进程与结构关系的一种图形（曹树金等，2015），显示了知识与知识之间的联系（刘峤等，2016）。以海洋酸化为例，科学家们对海洋酸化的研究侧重点不同，一些研究可能主要描述海洋酸化的现象，而另外一些文献则可能描述了海洋酸化对贝类、珊瑚礁的影响；并且在不同时期，学者可能关注的热点知识也不一样。因此研究利用共词分析（co-word Analysis）的方法以研究海洋酸化文献中的关键词为指标，画出不同时期研究海洋酸化的共现知识图谱，探究海洋酸化热点关注方向随时间变动的规律。基本原理和步骤阐述如下。

基本原理：文章的关键词能够集中概括研究的内容。共词分析基本原理和假设为（钟伟金和李佳，2008）：同时出现在一篇文献的一组（两个或两个以上）关键词在内容上存在着一定的联系；一组关键词在许多篇文献中的同时出现则表示这组关键词的关系密切。因此在知识图谱中，将关键词作为一个节点，这一组关键词所代表的“密切关系”就能通过节点间的连线进行连接，绘制这样许多组关键词的联系就形成了基于关键词的共现网络知识图谱。

步骤：（1）研究将时间划分为三个时期：海洋酸化提出初期（2004—2009年）、中期（2010—2015年）和近期（2016年以后）；（2）首先统计每一个时期发表的文献中关键词的出现次数；（3）去除涉及海洋酸化本身的关键词（如ocean acidification和seawater acidification）并且合并意思明显相同的关键词（如carbon dioxide和CO_2）；（4）以出现频次排名前30的关键词作为热点关键词进行分析，共现知识图谱的绘制和优化分别利用Kamada & Kawai算法（Kamada和Kawai，1989）和Pathfinder算法（Chen和Morris，1989）实现。

此外，研究基于共现知识图谱进行聚类分析和关键词中间中心度（Betweenness Centrality）的计算。文献计量学中的聚类分析是以两两关键词同时出现的频率为基础，利用统计学的方法将复杂的关键词网状关系简化为几个相对较少的几个类群的过程（钟伟金等，2008），通过这种办法可以判断出一定时期内学者关注的几个重点。聚类分析具体方法见Chen等（2010）。利用模块性Q值（modularity）判断聚类分析结果的好坏（刘健，2013；Chen et al., 2010）：模块性取值为0～1，最佳取值范围为0.4～0.8，其值较低表示聚类界限不显著，其值过高则表示类群间联系过少。类群的具体意义借助关键词和关键词的中间中心度判断：中间中心度为具体的数值，一个关键词节点连接的其他关键词节点越多则中间中心度越高，中间中心度高的关键词可以在一定程度上反映出该类群研究的侧重点（赵一洁，2014；Chen et al., 2010），中间中心度的计算方法见侯剑华（2009）。

3）突变检测

突变理论表明（刘健，2013），一篇文章若在某段时间内被引频次激增，则表明该篇文献的内容可能成为新的研究方向，即研究前沿。利用Kleinberg的突变检测算法（Kleinberg，2003）对涉及海洋酸化的研究前沿进行探测，该算法利用了概率自动机的原理，将一篇文章的被关注情况与其一段时间内的被引频次相关，即其被关注的开始及结束时间与被引频次发生显著变化（突变）的状况有关，由此判断出该篇文献是否在一段时间内被学者们重点关注，并给出这段时间的起止年份及突变强度（burst strength），突变强度表示结果的可信度（庞杰，2011）。取样本文献中的被引次数排名前10%的参考文献进行计算，分析当前（2018年2月）还处于热点关注的文献，由此确定目前海洋酸化研究的前沿领域。

以上分析利用文献计量软件Citespace 5.1.R6进行（Chen，2006）。

1.2.1 海洋酸化相关文献增长规律

截至2018年2月，ISI Web of Science期刊引文数据库中，关于海洋酸化的文献总计5 275篇。总体上，涉及海洋酸化的研究文献数量呈现激增的态势（图1-2）：2004的文献数量为6篇；2005—2008年的四年，发表的文献数量就由十余篇（17篇，2005年）达到百余篇（105篇，2008年）；2017年的文献数量已达到864篇，为这几年发表文章数量最高的年份；到了2018年，虽然研究统计的月份只到2月，但是其数量已达到119篇。可见基于海洋酸化的研究是这十多年来科学界的热点话题。

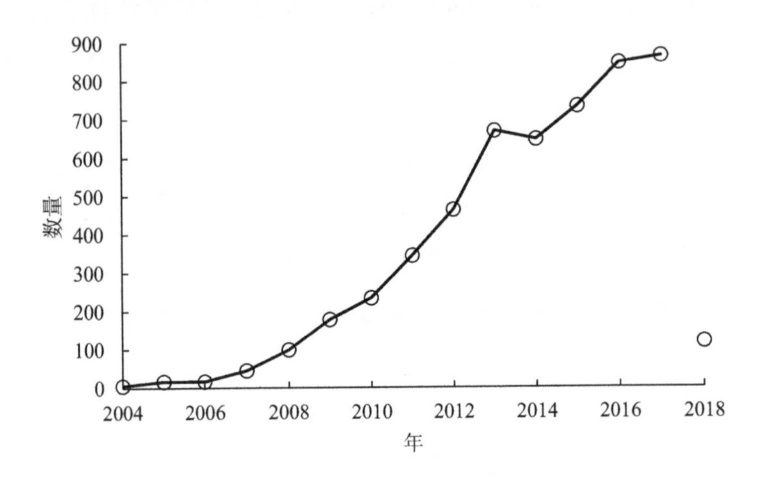

图1-2 海洋酸化研究历年（2004年至2018年2月）发表的文献数量

1.2.2 期刊分布规律

表1-1统计了刊登海洋酸化的研究文献最多的前20种期刊，它们占所有检索文献的44.3%。根据对这20种期刊类型的分析，研究海洋酸化不仅包含了如海洋学（如《ICES Journal of Marine Science》和《Oceanography》）和生物学（如《Integrative and Comparative Biology》）这样的传统学科，而且涉及许多学科交叉的内容，如生物地理学（如《Biogeosciences》）、海洋生物学（如《Marine Biology》）和地球物理学（如《Geophysical Research Letters》），这表明海洋酸化的研究需要多学科的共同参与；同时还发现，

在这20种期刊中总共有19种期刊的影响因子在2.0以上，另外包含着诸如《Scientific Reports》和《Proceedings of the National Academy of Sciences of the United States of America》这样的综合类期刊，此外，备受自然科学界关注的主流期刊《Science》以50篇的文献数排名第23位，这些都表明，海洋酸化的研究受到了国外主流学术界的关注；此外，在这20种期刊中包含一种专门研究珊瑚礁的期刊——《Coral Reefs》，这在一定程度上表明了海洋酸化对珊瑚礁的影响是这十年来的重点研究领域。

表1-1 刊登海洋酸化的研究文献最多的前20种期刊（截止至2018年2月）

期刊名称	文献数	影响因子(2016年)
PLoS One	300	2.806
Biogeosciences	277	3.851
Marine Ecology Progress Series	197	2.292
Global Change Biology	156	8.502
Marine Biology	154	2.136
Journal of Experimental Marine Biology	143	1.937
Scientific Reports	125	4.259
Coral Reefs	117	2.906
ICES Journal of Marine Science	104	2.760
Marine Pollution Bulletin	101	3.146
Limnology and Oceanography	84	4.253
Geophysical Research Letters	81	2.382
Integrative and Comparative Biology	78	3.383
Proceedings of the National Academy of Sciences of the United States of America	75	9.661
Nature Climate Change	71	19.304
Proceedings of the Royal Society B-Biological Sciences	67	4.940
Journal of Experimental Biology	62	3.220
Marine Environmental Research	62	3.320
Oceanography	59	2.176
Estuarine Coastal and Shelf Science	58	6.198

1.2.3 基于关键词的共现知识图谱

图1-3为基于关键词的海洋酸化共现知识图谱，其中圆点为关键词节点，圆点的大小代表其中间中心度。通过聚类分析，可以将在海洋酸化研究初期（2004—2009年）、中期（2010—2015年）和近期（2016年以后）的研究热点关键词分别分成5类、10类和11类，模块性Q值分别为0.463，0.314和0.663。表明对海洋酸化研究初期和近期的聚类效果良好，中期效果不佳。在知识图谱中，两个类群若存在一定的关系则它们中的关键词节点就会越靠近，导致两个类群存在重叠（如图1-3a中的类群1和类群3）；而中期（图1-3b）的几个大的类群都有着重叠的情况出现，即为这个时期聚类效果不佳的原因。

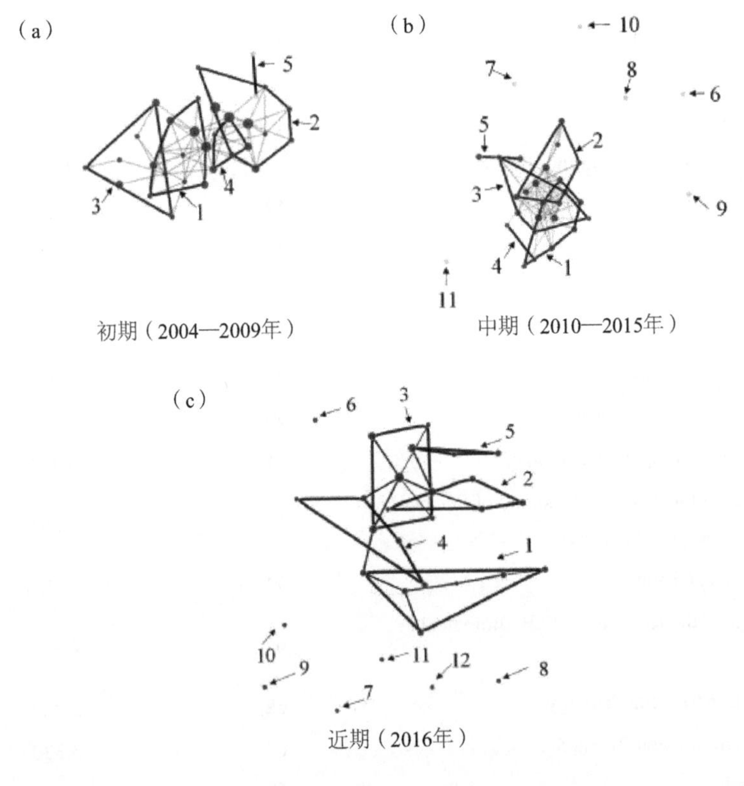

图1-3 基于关键词的共现知识图谱

对初期类群中的关键词进行分析（表1–2），类群1围绕着钙化一词，中间中心度最大（0.79），其次为气候变化（0.34），其中珊瑚礁相关的词汇最多，可见其表示着海洋酸化对珊瑚礁等生物影响的研究；类群2围绕着二氧化碳一词，中间中心度最大（0.32），同时包含着一些涉及海洋酸化的基础词汇（如海水、酸碱度和方解石等），表明该类群代表对海洋酸化本身现象的研究；类群3围绕着赫氏颗石藻（*emiliania huxleyi*）一词，中间中心度最大（0.42），同时还包含着与类群1相似的关键词如钙化率，表明类群3与类群1相似，都是研究海洋酸化对海洋浮游生物的影响，这一点也可以从图1–3a中的类群1与类群3存在部分重叠上看出；类群4中，中间中心度最大的两个词为影响（0.13）和人类排放二氧化碳（0.10），推测这一部分关键词可能代表是人类二氧化碳排放造成海洋酸化相关机制的研究；类群5中的关键词过少，无法直接判断该类群代表的具体内容，但是该类群与类群2存在重叠现象，同样类群4与类群2也存在重叠现象（图1–3a），根据词义可知该类群可能代表结合模型对海洋酸化现象的一些研究。

对中期类群中的关键词进行分析（表1–2），与初期类似，类群1围绕着钙化一词，中间中心度最大（0.27），同样也包含着较多的珊瑚礁相关的词汇，表明该类群同样代表海洋酸化对珊瑚礁等生物影响的研究；类群3则代表了海洋酸化对海洋浮游生物的影响，相较于初期，赫氏颗石藻的中间中心度降低，而海洋浮游植物的中间中心度最高（0.15），但是类群1与类群3存在重叠，此外类群4包含了关键词海胆，与类群1也有着重叠（图1–3b），表明这三个类群都是海洋酸化对生物影响研究的体现；类群2围绕着二氧化碳一词，中间中心度最大（0.34），结合其他关键词（如海水和碳酸等）可以判断出这个类群与初期类似，为对海洋酸化本身现象的认识，与初期不同的是，该类群同时与类群1和类群3都具有重叠（图1–3b），表明这一时期的海洋酸化研究在海洋生物上的倾斜；类群4以后的7个类群仅包含着1个或2个关键词，大多无法直接判断具体的研究内容且节点与其他类群不存在联系（图1–3b），但类群8和类群9可能分别表明新的热点研究区域（南大洋）和研究方向（海洋酸化生物多样性）的出现。

表1-2 对不同时期研究海洋酸化文献中出现频次最高（前30）的关键词聚类分析结果

时间	类群	关键词（中心度）
海洋酸化研究初期（2004—2009年）	1	气候变化（climate change，0.34）；钙化（calcification，0.79）；大堡礁（Great Barrier Reef，<0.01）；珊瑚礁（coral reef，<0.01）；光合作用（photosynthesis，0.04）；石珊瑚（scleractinian coral，0.02）；海洋生态系统（marine ecosystem，<0.01）；珊瑚虫（coral，0.06）；二氧化碳分压（CO_2 partial pressure，0.14）；碳酸钙饱和度（calcium carbonate saturation，<0.01）
	2	二氧化碳（CO_2，0.32）；海水（seawater，0.12）；生长（growth，0.03）；酸碱平衡（acid base balance，0.05）；大西洋（Atlantic Ocean，0.01）；方解石（calcite，<0.01）；pH（potential of hydrogen，<0.01）；大气二氧化碳的增加（increased atmospheric CO_2，<0.01）
	3	影响（impact，0.03）；大气二氧化碳（atmospheric CO_2，0.13）；碳（carbon，0.10）；系统（system，0.02）；无机碳（inorganic carbon，0.06）；赫氏颗石藻（*emiliania huxleyi*，0.42）；钙化率（calcification rate，<0.01）
	4	影响（impact，0.13）；人类排放二氧化碳（anthropogenic CO_2，0.10）；系统（system，0.01）
	5	模型（model，0.01）；周期（cycle，<0.01）
海洋酸化研究中期（2010—2015年）	1	气候变化（climate change，0.18）；钙化（calcification，0.27）；珊瑚礁（coral reef，0.04）；影响（impact，0.22）；大堡礁（Great Barrier Reef，<0.01）；海洋生态系统（marine ecosystem，<0.01）；石珊瑚（scleractinian coral，<0.01）；碳（carbon，<0.01）
	2	二氧化碳（CO_2，0.34）；海水（seawater，0.16）；温度（temperature，<0.01）；生长（growth，0.01）；碳酸（carbonic acid，<0.01）；pH（potential of hydrogen，<0.01）；解离（dissociation，0.01）
	3	浮游植物（phytoplankton，0.15）；光合作用（photosynthesis，0.15）；无机碳（inorganic carbon，<0.01）；珊瑚虫（coral，<0.01）；赫氏颗石藻（*emiliania huxleyi*，<0.01）；二氧化碳浓度升高（elevated CO_2，<0.01）
	4	酸碱平衡（acid base balance，0.01）；海胆（sea urchin，0.01）
	5	大气二氧化碳（atmospheric CO_2，<0.01）；人类排放二氧化碳（anthropogenic CO_2，0.11）
	6	碳酸钙（calcium carbonate，<0.01）
	7	模型（model，<0.01）
	8	南大洋（Southern Ocean，<0.01）
	9	生物多样性（biodiversity，<0.01）
	10	系统（system，<0.01）
	11	响应（response，<0.01）

续表

时间	类群	关键词（中心度）
海洋酸化研究近期（2016年以后）	1	生长（growth，0.42）；钙化（calcification，<0.01）；光合作用（photosynthesis，0.37）；二氧化碳浓度升高（elevated CO_2，<0.01）；浮游植物（phytoplankton，0.10）；无机碳（inorganic carbon，0.20）
	2	二氧化碳（CO_2，0.60）；影响（impact，0.10）；响应（response，<0.01）；生物（organism，<0.01）；酸碱平衡（acid base balance，<0.01）
	3	气候变化（climate change，0.87）；海洋生态系统（marine ecosystem，<0.01）；鱼类（fish，<0.01）；温度（temperature，0.47）适应（adaptation，0.10）；
	4	珊瑚礁（coral reef，0.29）；大堡礁（Great Barrier Reef，0.10）；石珊瑚（scleractinian coral，<0.01）；群落（community，<0.01）
	5	海水（seawater，0.20）；碳酸（carbon acid，<0.01）；解离（dissociation，0.10）
	6	大气二氧化碳（atmospheric CO_2，<0.01）；
	7	碳（carbon，<0.01）
	8	紫贻贝（*mytilus edulis*，<0.01）
	9	碳（carbon，<0.01）
	10	南大洋（Southern Ocean，<0.01）
	11	氧化胁迫（oxidative stress，<0.01）
	12	基因表达（gene expression，<0.01）

对近期类群中的关键词进行分析（表1-2和图1-3c），类群1中关键词生长的中间中心度最高（0.42），同时还包含了海洋浮游植物、光合作用等生物方面的词汇，可以看出类群1代表的是海洋酸化对浮游植物的影响的研究，同时该类群除了与类群4重叠以外，与其他类群均没有发生重叠，表明与初期类似，该研究又重新单独出现为一个重点领域；类群2围绕二氧化碳一词，中间中心度最大（0.60），与中期类似，为对海洋酸化本身现象认识的研究；类群3气候变化的中间中心度最高（0.87），同时包含着海洋生态系统和鱼类等词，表明该类群代表了海洋酸化对生物及生态系统的影响的研究，同时研究对象扩展到鱼类；类群4除了群落一词以外，均是关于珊瑚礁的词汇，表示着海洋酸化对珊瑚礁等生物影响的研究；类群5以后的7个类群关键词较少

（图1–3c），但是类群8紫贻贝（*mytilus edulis*）一词的出现可以表明海洋酸化对该种类影响的研究为近期新的内容。因此，虽然近期的类群聚类效果较好，类群较为分开，但是主要的几个类群均含有生物相关的词汇表明海洋酸化对海洋生物的影响研究依旧占据着主流方向，其研究内容与初期类似。

综上所述，总体上，在海洋酸化研究初期，研究内容主要分为两个部分，一是海洋酸化对海洋生物（尤其是珊瑚礁生物及浮游植物）及生态系统的影响；二是对海洋酸化现象的认识；中期的研究内容与初期相似，研究重点向海洋生物上倾斜，同时出现新的热点研究区域和研究方向；近期，海洋酸化对海洋生物影响的研究依旧占据着主流方向。

1.2.4 海洋酸化研究的热点问题

对样本文献中的参考文献进行突变检测，共检测到182篇文献。其中当前（2018年2月）还处于热点关注状态的文献共有39篇（表1–3），根据对这些文献的分析，可以分成以下5个类别。

类别1：海洋酸化对海洋生物的影响；类别2：海洋酸化现象及机理；类别3：海洋酸化对生态系统的影响；类别4：海洋酸化与生物进化；类别5：其他，为背景及应用文献，如气候变化现状的研究（如Bopp等和Stocker等，表1–3）。

根据对表1–3文献的分析，研究认为当前海洋酸化的研究可以分为海洋学、生物学和生态系统3个层面（图1–4）。具体来说，存在以下5个前沿方向：

（1）在探究海洋酸化与生物的关系之时需结合多因子讨论

在涉及海洋酸化对生物影响研究的文章中，一些研究以海洋酸化作为单一因子，分析其对生物的不利影响，例如Beniash等（2010）发现，东牡蛎（*Crassostrea virginica*）的幼体在高酸性海水的条件下，其死亡率会增加，同时酸性海水还会降低东牡蛎壳的硬度及韧性。然而也有研究者发现，将海洋酸化结合其他因子共同探究其对生物的影响后，有可能产生其他不同的结

表1-3 基于突变分析得到的当前海洋酸化研究的热点关注的文献（截至2018年2月）

类别	文献	作者	文献来源	发表年份	突变强度	突变开始年份
1	Meta-analysis reveals complex marine biological responses to the interactive effects of ocean acidification and warming	Harvey等	Ecology and Evolution	2013	11.80	2014
1	Coral resilience to ocean acidification and global warming through pH up-regulation	McCulloch等	Nature Climate Change	2012	8.04	2015
1	Parental environment mediates impacts of increased carbon dioxide on a coral reef fish	Miller等	Nature Climate Change	2013	10.09	2016
1	Sensitivity of coral calcification to ocean acidification: a meta-analysis	Chan和Connony	Global Change Biology	2013	11.52	2014
1	Climate change and ocean acidification effects on seagrasses and marine macroalgae	Koch等	Global Change Biology	2013	19.51	2015
1	Impacts of ocean acidification on marine organisms quantifying sensitivities and interaction with warming	Kroeker等	Global Change Biology	2013	59.69	2015
1	Impact of ocean acidification on energy metabolism of oyster, *Crassostrea gigas*—changes in metabolic pathways and thermal response	Lannig等	Marine Drugs	2010	19.38	2015
1	Impacts of ocean acidification on marine shelled molluscs	Gazeau等	Marine Biology	2013	26.63	2015

续表

类别	文献	作者	文献来源	发表年份	突变强度	突变开始年份
1	Sensitivities of extant animal taxa to ocean acidification	Wittmann和Pörtner	Nature Climate Change	2013	23.00	2015
1	Impaired learning of predators and lower prey survival under elevated CO_2: a consequence of neurotransmitter interference	Chivers等	Global Change Biology	2014	13.21	2016
1	The Pacific oyster, *Crassostrea gigas*, shows negative correlation to naturally elevated carbon dioxide levels: Implications for near-term ocean acidification effects	Barton等	Limnology and Oceanography	2012	7.90	2015
1	Food availability outweighs ocean acidification effects in juvenile *Mytilus edulis*: laboratory and field experiments	Thomsen等	Global Change Biology	2013	16.81	2014
1	Physiological impacts of elevated carbon dioxide and ocean acidification on fish	Heuer等	American Journal of Physiology-Regulatory, Integrative and Comparative Physiology	2014	22.48	2016
1	Experimental ocean acidification alters the allocation of metabolic energy	Pan等	Proceedings of the National Academy of Sciences	2015	18.72	2016
1	Predicting the response of molluscs to the impact of ocean acidification	Parker等	Biology	2013	18.06	2016

续表

类别	文献	作者	文献来源	发表年份	突变强度	突变开始年份
1	Saturation-state sensitivity of marine bivalve larvae to ocean acidification	Waldbusser等	Nature Climate Change	2015	17.05	2016
1	Multistressor impacts of warming and acidification of the ocean on marine invertebrates' life histories	Byrne和Przeslawski	Integrative and Comparative Biology	2013	12.56	2016
1	*Limacina helicina* shell dissolution as an indicator of declining habitat suitability owing to ocean acidification in the California Current Ecosystem	Bednaršek等	Proceedings of the Royal Society B	2014	14.97	2016
1	Ocean acidification in the coastal zone from an organism's perspective: multiple system parameters, frequency domains, and habitats	Waldbusser等	Nature Climate Change	2014	10.80	2016
1	Near-future carbon dioxide levels alter fish behaviour by interfering with neurotransmitter function	Nilsson等	Nature Climate Change	2012	10.95	2016
1、3	Ocean acidification and coral reefs: effects on breakdown, dissolution, and net ecosystem calcification	Andersson等	Annual Review of Marine Science	2013	14.65	2015
1、2、3	Contrasting futures for ocean and society from different anthropogenic CO_2 emissions scenarios	Gazeau等	Marine Biology	2015	24.99	2015

续表

类别	文献	作者	文献来源	发表年份	突变强度	突变开始年份
2	Rapid progression of ocean acidification in the california current system	Gruber等	Science	2012	2.98	2014
2	Is ocean acidification an open-ocean syndrome? understanding anthropogenic impacts on seawater pH	Duarte等	Estuaries and Coasts	2013	18.34	2014
2	High-frequency dynamics of ocean ph: a multi-ecosystem comparison	Hofmann等	PloS One	2011	3.05	2015
2	Future ocean acidification will be amplified by hypoxia in coastal habitats	Melzner等	Marine Biology	2013	17.80	2014
2	Acidification of subsurface coastal waters enhanced by eutrophication	Cai等	Nature Geoscience	2011	13.54	2015
2	Coastal ocean acidification: The other eutrophication problem	Wallace等	Estuarine, Coastal and Shelf Science	2014	18.06	2016
3	Climate change impacts on marine ecosystems	Doney等	Annual Review of Marine Science	2012	10.20	2016
3	The impact of climate change on the world's marine ecosystems	Hoegh-Guldberg等	Science	2010	11.58	2016
3	Ocean acidification through the lens of ecological theory	Gaylord等	Ecology	2015	19.39	2016

续表

类别	文献	作者	文献来源	发表年份	突变强度	突变开始年份
3、5	Multiple stressors of ocean ecosystems in the 21st century: projections with CMIP5 models	Bopp等	Biogeosciences	2013	18.06	2015
4	Evolution in an acidifying ocean	Sunday等	Trends in Ecology and Evolution	2014	18.72	2015
4	Transgenerational effects alleviate severe fecundity loss during ocean acidification in a ubiquitous planktonic copepod	Thor和Dupont	Global Change Biology	2015	8.30	2016
5	Climate change 2013: the physical science basis: Working Group I contribution to the Fifth assessment report of the Intergovernmental Panel on Climate Change	Stocker等	Canbridye University Press	2014	21.33	2015
5	The universal ratio of boron to chlorinity for the North Pacific and North Atlantic oceans	Lee等	Geochimica et Cosmochimica Acta	2010	13.65	2016
5	Carbon and other biogeochemical cycles	Ciais等	In Climate change 2013: the physical science basis. Contribution of Working Group I to the Fifth Assessment Report of the Intergovernmental Panel on Climate Change. Cambridge University Press	2014	18.27	2016

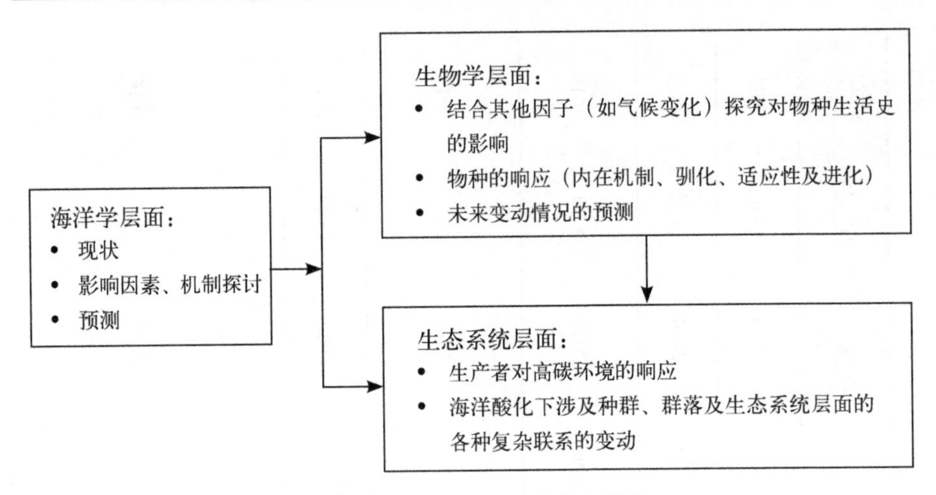

图1-4　当前海洋酸化研究内容总结

果，这种结果可能是更加不利的，也有可能其他因子会缓和海洋酸化带来的不利影响：例如Byrne和Przeslawski（2013）通过对海洋酸化和海水变暖对海洋无脊椎生物影响的文献进行综述分析发现，一些物种会受到来自海洋酸化和海水变暖两方面的负影响，这种影响不仅可以是累加的（如巴拿马滨珊瑚*Porites panamensis*），也可以是协调的［即两种因素同时还存在交互产生额外负影响，如柔枝轴孔珊瑚（*Acropora tenuis*）］；但是对于一些种类，两种因素会相互抵消：如白棘三列海胆（*Tripneustes gratilla*）在海水温度增加3℃的条件下，海洋酸化对其骨质结构形成的负影响会降低。McCulloch等（2012）也曾发现，虽然萼柱珊瑚（*Stylophora pistillata*）和滨珊瑚属种类（*Porites* spp.）的钙化情况在海洋酸化条件下会恶化，但是由于其体内与温度相关的pH上调机制的存在，在结合海水变暖因素后，其钙化情况甚至可能会提高。还有研究表明（Harvey et al., 2013），海洋酸化对海洋生物的影响会随着种类生活史阶段的不同而不同：一般成熟的个体或大型种类对抗海洋酸化的能力比幼年个体或小型种类强。以上例子表明，结合单一一个因子对问题的探究有可能造成认识的偏差，若要正确认识海洋酸化对生物的影响，需考虑物种生活史及其他环境因子的共同作用。

（2）探索生物在海洋酸化下的内在响应机制

温度（McCulloch et al., 2012）、食物（Harvey et al., 2013；Thomsen et al., 2013）等其他条件可能会中和海洋酸化对一些种类的不利影响，例如前文叙述的一些珊瑚礁体内的pH上调机制使得物种对酸化条件的适应。同时，不同种类对海洋酸化本身的响应也存在其特异性，有些种类的生长状况可能会得益于海洋酸化的条件，以Koch等（2013）对藻类的分析为例，大多数海草和非钙化大型藻类（85%以上）的体内存在碳酸酐酶（carbonic anhydrase），能够将海水中的海洋酸化的产物（碳酸氢根离子）转化为二氧化碳，同时它们是C_3光合植物，在酶的作用下其光合作用随着二氧化碳浓度的升高而增强。然而，Koch等（2013）也指出，对于一些钙化大型藻类，它们虽能得益于海水二氧化碳的升高而促进光合作用，但是酸性的条件又会阻止其钙化妨碍他们的生长，这两者的综合效果如何？解决这个问题首先就需要探究钙化大型藻类体内的钙化机制和光合作用过程。由此可见，为了客观判断海洋酸化对生物的影响，还需要从个体的内部生物化学过程入手（如碳循环过程，酸碱平衡等），同时结合其他因素（如温度情况），具体分析生物对海洋酸化条件下的响应机制。

此外，生物对于海洋酸化条件存在着驯化：例如Thor和Dupont（2015）在对一种桡足类（*Pseudocalanus acuspes*）的培养中发现，与生活在低二氧化碳的条件的亲体相比，高二氧化碳的条件下会造成其繁殖力的下降，但是若将生活在低二氧化碳条件的亲体暴露于高二氧化碳的条件，其繁殖力下降程度要比已经生活在高二氧化碳条件一个世代的亲体高28%。这表明生物对于海洋酸化条件存在着驯化机制。此外，在海洋酸化的条件下由于表观遗传多样性及基因多样性，物种同样存在着适应及进化的可能性（Parker et al., 2013）。例如对在低pH条件下培养了7天的紫色球海胆（*Strongylocentrotus purpuratus*）幼体检测发现，涉及骨架构成及pH调节的等位基因发生改变，这种改变能够使得该物种更适应海洋酸化的环境（Pespeni et al., 2013）。然而，一般的探究海洋酸化与生物关系的实验常常是短期、单世代的（Sunday et al., 2014），海洋酸化却是一个长时间的气候变化，物种存在驯化和进化的可能性很高。因此，探究生物在海洋酸化下的应对机制时，还需要关注物种自身由于驯化和进化产生的适应性，对于这方面的研究，一方面我们应该认识到，基于保证海洋生态系统可持续发展的目的，进化并不是拯救海洋生物的万灵药，而是要将这一部分的不确定性应用到后续的生态系统变化的预测和管理中（Pespeni et al., 2013）；另一方面，虽然我们不能研究所有生物的进化，但是我们可以有所选择：首先应该结合生态系统的结构和功能选取其中的关键种，同时，优先研究进化可能性较高的动物，比如世代转化快、种群有着庞大物种（基因库）的小型浮游植物（Sunday et al., 2014）。

（3）海洋酸化影响下的生物响应的综合评估及预测

通过前两点的描述，可以看到生物在海洋酸化条件下的丰富的内在响应情况，那么在这种包含有利和不利响应的证据下，整体或者未来的生物的状况如何？例如，Chan和Connolly（2013）就发现，在现在海洋酸化的条件下，不同的研究对珊瑚虫的钙化率变化得到的结果不同：每下降一个单位的方解石饱和度钙化率变化有正有负，为−66%～25%，因此他们利用Meta分析的方法综合分析了25组现有的实验结果，认为对于整个海洋珊瑚虫群落，当前这个数值应为−15%，同时预测在2100年总体珊瑚礁的钙化率会下降22%。Wittmann等（2013）则预测在2100年（预测到的大气二氧化碳分压的摩尔分数为0.093 6%）时，鱼类、甲壳类、珊瑚虫、棘皮动物和软体动物都会受到海洋酸化带来的负影响，其中后面三个种类受到的影响比前面两个大。Chan和Connolly（2013）和Wittmann和Pörther（2013）的研究都用了Meta分析的方法，相同的方法还可见Harvey等（2013）。但是，Meta分析存在着其分析固有的缺陷，Harvey等（2013）就指出，它是对研究者所选研究结果的量化总结， Meta分析的极大依赖于研究者对研究结果的主观选择，将物种合成一大类同时还会掩盖住物种的特异性。今后的分析中，建议在充分了解物种对海洋酸化响应、物种的种间关系的基础上，结合物理海洋学和生态学的方法，采用生态系统模型等方法进行综合研究。

（4）探索海洋酸化对海洋生态系统的影响

生物在海洋酸化下的丰富的响应同样会带来物种关系的改变，最终可能改变生态系统的结构与功能。虽然突变分析探测出相关方面的文章较少（只有5篇），且大多都为综述类理论研究文章（表1-3），但是这可以表明学者已经开始将视野逐渐转到生态系统这一海洋大系统上。这里仅分析Gaylord等（2015）提供的相关理论研究结果以具体描述目前的研究内容，他们基于海洋生态系统的角度提出对海洋酸化的3个基本观点：观点一：海水二氧化碳的增加为初级生产者提供了生产力；观点二：海洋酸化会给许多消费者生存带来能量消耗；观点三：生物间的相互联系的认识是研究海洋酸化对海洋生态系统影响的关键所在。具体来说，观点一有可能会是正影响，因为海洋酸化对海洋生态系统带来了更多的碳源；观点二表明了各种消费者在海洋酸化条件下维持生存的额外消耗，这属于生物学层面的研究内容；而观点三中的相互联系包含了很多方面的内容：海洋酸化对初级生产力向消费者的能量传递的影响、对种群内部以及种群间过程和联系（竞争、捕食和互助关系）的影响、对群落结构的影响、种群结构和群落结构对海洋酸化的驯化和适应及生态系统的物种多样性变化。由此可见，探索海洋酸化对海洋生态系统的影响研究需要在生物学层面认识的基础上（生物个体的变化），重点研究以下两点：第一：生产者对高碳环境的响应；第二：海洋酸化条件下涉及种群、群落及生态系统层面的各种复杂联系的变化。

（5）对海洋酸化概念的挑战——海洋酸化形成原因的探索

Caldeira和Wickett（2003）的海洋酸化概念将海洋酸化形成原因完全归结于人类排放二氧化碳的持续增加。在该概念提出的后续几年，不少观测资料确实证明了这一点：其中最为著名的证据是在北太平洋的莫纳罗（Mauna Loa）站点观测大气二氧化碳浓度与其临近海域阿罗哈（Aloha）站点观测海水二氧化碳浓度两条曲线的年间变动几乎完全一致的现象（Feely et al., 2009）。这种人类排放二氧化碳持续增加导致了海洋酸化的观点几乎被大多研究者所接受，然而，最近的研究表明，这一观点实际上是偏颇的。

Hofmann等（2011）比较了不同海域pH的变动，发现相比于开阔的大洋区域，近岸的pH变动非常剧烈，他们指出，这种剧烈的变动其实源自于近岸复杂的物理、化学和生物过程。Duarte等（2013）对这些过程进行了归纳（表1-4），可以看出，海水对人类排放二氧化碳的吸收仅为这些过程的其中一个因素。那么，其他因素是否也能引起海水的pH降低呢？对于这个问题目前已有研究：Cai等（2011）对墨西哥湾的海洋酸化情况进行研究，发现，人类排放的二氧化碳使得海水pH降低了0.27，该值低于由富营养化导致的pH降低数值（0.34）。Wallace等（2011）对北美洲大西洋沿岸的研究也有相似的结果。Duarte等（2013）观察了一些沿岸生态系统海水pH的年间变动，发现不同区域的pH变动情况不同，有些地方保持平稳波动而有些地方甚至出现了上升：例如美国切萨皮克湾（Chesapeake Bay）的海水由于同时存在着高pH和低pH河流水的汇入，不同河流水汇入多少的年间差异导致其海水pH常年保持着波动状态；而美国坦帕湾（Tampa Bay）的海水pH除了在1980—1985年有着迅速地下降以外，在1985年以后都保持着上升的趋势，1980年以后几年的下降来源于当时海湾附近人口的快速增长导致的营养物质的无节制排放，而之后由于实行了有效的管理，海草及水质的改善使得坦帕湾海水的pH逐年升高。此外，研究发现，沿岸的pH变化还受到了季节性因素的影响：沿岸pH不管在大时间尺度还是小的季节尺度其pH的变动幅度（数十年变化0.5左右，季节性变化大于0.1）都要远大于相对稳定的开阔的大洋（数十年来总体减少了0.1，季节性变化小于0.05，Wallace et al., 2014；Duarte et al., 2013）。可见，在沿岸区域，海洋酸化的原因不一定完全由人类排放二氧化碳增加导致的，其他因素也有可能是海洋酸化的主要原因。

综上所述，在开阔的大洋，人类排放二氧化碳增加确实是导致的海洋酸化的主要原因；而在沿岸区域，我们还需要了解除这一因素以外，海洋酸化形成的其他原因。对海洋酸化概念的挑战并不是要否定海洋酸化这一现象，毕竟人类排放二氧化碳的增加是不争的事实。我们要探究的是，在不同的沿岸海域，哪一种因素才是海洋酸化的主要原因，这样人们在应对时，除了采取减少二氧化碳排放这一主要措施以外，还能够因地制宜，针对具体的原因，采取其他更加有效的方法进行治理达到保护海洋生态系统稳定性的最终目的。

表1-4　海水pH变动因素总结（Duarte et al., 2013）

驱动因素	自然因素	与人类相关的因素
海气交换	海气二氧化碳的交换	海洋吸收人类排放的二氧化碳
水文变动	天气 火山活动 生态系统变化 气候变动 混合动力过程及海水滞留时间	含酸或含碱污水的排放 采矿 酸性土壤的侵入 填海 农业 熔炼工业 水文扰动 人类因素导致的气候变化
生态系统变化	物种新陈代谢的类型及变动	富营养化 栖息地缺失 人类因素导致的气候变化

1.2.5　小结

本部分利用文献计量分析的方法对目前海洋酸化的研究进行了概括。相对于文献综述，文献计量分析方法可以避免分析研究现状和趋势时对文献选择的主观性，利用文献本身的内在联系客观地描述问题（邱均平和王曰芬，2009）。如本研究中，利用描述统计对研究海洋酸化的文献增长及期刊分布规律进行分析，得到了这十年来海洋酸化研究的基本情况：2004—2017年，涉及海洋酸化的研究文献数量呈现激增的态势（图1-2），研究学科交叉明显，海洋酸化对珊瑚礁及海洋浮游植物的影响是这十年来的重点研究领域（表1-2）。但是对基于关键词的知识图谱进行聚类时，虽然能够看出不同时期研究的热点方向，研究中期的聚类效果并不好（图1-3b），这一方面是研究本身的现状决定的，另一方面需要指出的是，该方法的不确定性来源于高频关键词数量的选择（钟伟金和李佳，2008），高频词数量过少，可能不能涵盖分析的所有内容，数量过多则会导致最终聚类过多。因此研究后续加入突变分析进行补充，突变分析使用到的被引次数排名前10%的参考文献实际最低的引用次数为2，基本涵盖了学者们的关注内容，而得到的目前还处于热点关注文献中（表1-3），共有26篇（类别1和类别4）涉及生物方向，这也侧面佐证了海洋酸化对海洋生物影响的研究占据着研究的主流方向的结果。此外通过阅读突变分析得到的热点关注文献内容，还可以对研究前沿方向有着清晰的判断。

可以发现，海洋酸化所涉及的研究通常需要多个学科的支持，例如在研究富营养化产生的海水酸化时除了需要海洋学科的帮助得到海洋水文的具体数据，也需要生物和生态学知识以对富营养化有着较深的认识，因此今后海洋酸化的研究建议应开展多学科的共同合作。此外，海洋酸化研究涉及学科面广这个特点也可能造成本研究的不足，研究的样本是ISI Web of Science期刊引文数据库中的Web of Science核心合集以海洋酸化主题词的文献，分析结果有可能会过于笼统，无法阐述某一问题或方向研究的具体变动趋势，今后的研究可以将问题细化在海洋酸化文献检索中增加主题词进行具体分析。

1.3 海洋酸化与渔业及渔业资源的关系研究评述

海洋酸化对海洋生物及生态系统影响的问题是当下热点研究内容（陈芃等，2018）。例如有研究表明：钙化动物（如贝类、甲壳类类和珊瑚礁生物等，Gibson et al., 2011；Hendriks et al., 2010；Lemasson et al., 2017）受到酸化的影响较其他物种大。同时已有文章对相关的研究进行了归纳和总结（Lemasson et al., 2017；Whiteley，2011；Suwa et al., 2010）。然而，大多数的研究及归纳总结通常是以个体为对象。捕捞是人类利用海洋生物的重要方式之一，同时人类对渔业资源的利用和管理是在种群、群落等更高的层面上进行（詹秉义，1995；Hilborn，2004），在这些层面上，海洋酸化和渔业资源的变动是怎样的关系？海洋酸化会对捕捞渔业资源获得的产量变动及产生的社会经济效应产生怎样的影响？人们在了解这些关系后，该如何设计合理的应对策略以保持渔业及海洋生态系统的健康发展？针对这些问题，已有学者进行了相关研究，但目前相关综述性分析还较缺乏。因此，研究选取针对渔业经济种类的相关研究报道，归纳海洋酸化与物种、渔业生态学（种群、群落和生态系统）和渔业经济与社会关系的研究现状，重点归纳方法及阐述研究结果的一般特点，并阐述目前研究存在的问题，为学者把握海洋酸化与渔业的关系提供依据。

1.3.1　海洋酸化与物种

涉及海洋酸化对物种关系的研究内容种类繁多，为了具体说明研究内容、方法和结果的特点，我们将这三部分的内容进行分开阐述。

（1）一般性研究内容

海洋酸化与物种关系的研究内容大致可以分为六大类：形态和性状、生活史特征参数、行为学、生理学机制、遗传学以及海洋酸化与其他因素的共同作用对个体的影响（表1–5）。

表1–5　海洋酸化与物种关系的相关研究内容归纳及举例

分类	研究内容	相关研究举例
形态和性状	外壳的厚度和硬度、器官的发育和变异、硬组织、体长和体重、钙化率等	三疣梭子蟹(*Portunus trituberculatus*) 的甲壳结构及厚度（任志明等, 2017） 蓝蟹（*Callinectes sapidus*）的Mg与Ca含量比（Glandon et al., 2018） 东牡蛎（*Crassostrea virginica*）和近江牡蛎（*Crassostrea ariakensis*）外壳厚度及Ca_2CO_3含量（Miller et al., 2009） 大西洋鳕鱼（*Gadus morhua*）的肌肉组织（Frommel et al., 2012） 皮氏枪乌贼（*Doryteuthis pealeii*）的耳石形态（Kaplan et al., 2013）

续表

分类	研究内容	相关研究举例
生活史特征参数	鱼卵的孵化率、亲体的的繁殖力、死亡率、生长速率等	黄鳍金枪鱼（*Thunnus albacares*，Bromhead et al., 2015） 大西洋鲱鱼（*Clupea harengus* Franke和Clemmesen., 2011） 太平洋牡蛎（*Crassostrea gigas*，Barton et al., 2012）
行为学	游泳、集群和洄游、捕食行为、逃逸行为等	南极磷虾（*Euphausia superba*）的游泳（Guang et al., 2018） 大西洋磷虾的摄食行为（*Nyctiphanes couchii*，Sperfeld et al., 2014） 宽吻海龙（*Syngnathus typhle*）的交配行为（Sundin et al., 2013） 红鲑（*Oncorhynchus nerka*）的产卵行为（Kitamura和Ikuta，2000） 澳大利亚虎鲨（*Heterodontus portusjacksoni*）的捕食行为（Pistevos et al., 2015） 微鳍乌贼（*Idiosepius pygmaeus*）的游泳及逃逸行为（Spady et al., 2014）
生理学机制	生物钙化机制、呼吸、能量分配、新陈代谢、酸碱平衡机制等	欧洲横纹乌贼（*Sepia officinalis*）体内酸碱平衡机制（Gutowska et al., 2010）
遗传学	基因突变、驯化和适应性进化等	日本青鳉（*Oryzias latipes*，Tseng et al., 2013） 极地鳕鱼（*Boreogadus saida*，Leo et al., 2017） 大西洋鳕鱼（*Gadus morhua*，Leo et al., 2017）
结合其他因素的共同作用	温度（海水变暖）、食物条件等	温度和pH共同作用下的茎柔鱼（*Dosidicus gigas*）的呼吸代谢（Seibel和Drazen，2007） 温度、食物条件和pH变化对枪乌贼（*Loligo vulgaris*）胚胎存活、发育、孵化新陈代谢等的影响（Rosa et al., 2014）

针对不同的种类，研究内容侧重不同，与种类的自身特性相关：以贝类、甲壳类与鱼类三者的研究进行对比分析。对于贝类和甲壳类，由于具有保护作用外壳可能在高酸化海水下溶解（Feely et al., 2009），测量外壳的变化就成为这类研究的重点，例如任志明等（2017）利用电子显微镜观察了模

拟酸性海水下生活的三疣梭子蟹（*Portunus trituberculatus*）幼蟹的甲壳结构同时还测量甲壳的厚度并与正常情况下生活的幼蟹进行了对比。另外，许多贝类和甲壳类外壳是通过钙化形成的，酸性环境下机体的钙化情况因此也成为学者们感兴趣的内容，例如，由于贝类和甲壳类外壳内元素Mg与Ca含量比可以作为表征外壳钙化情况的指标，因此Glandon等（2018）探究了高二氧化碳分压（pCO_2）浓度条件下蓝蟹（*Callinectes sapidus*）的Mg与Ca含量比的变化；又如Miller等（2009）曾探究了不同pCO_2浓度条件下东牡蛎（*Crassostrea virginica*）和近江牡蛎（*Crassostrea ariakensis*）外壳的Ca_2CO_3含量。其中，对酸性条件下鱼类骨骼的钙化情况也有不少研究报道（许友卿等，2017），其中，由于鱼类在早期生活史阶段鳃器官发育还不完善，不具备成体那样的酸碱平衡调节能力，因此幼体对pH值的变化敏感，也就比成体更容易受到海洋酸化的影响（Melzner et al., 2009；刘洪军等，2012）；同时对比于野生成体鱼类，幼体或者胚胎能够较为容易地进行实验培养以观测其形态和性状特征的变化并获得一些生活史的特征参数（如鱼卵的孵化率、幼鱼的生长速率等），因此海洋酸化对于鱼类的研究一般重点关注于早期生活史阶段的变化。另外，由于鱼类和一些甲壳类比贝类更具有活动能力，也有一些研究探究酸化环境对它们洄游、集群和分布的影响，例如王震（2017）曾通过水槽实验探究了南极磷虾（*Euphausia superba*）在不同pH浓度海水下的游泳情况。

（2）常用的研究方法

研究方法上，目前实验模拟研究几乎是众多研究的主体。通常，学者们将物种置于拟定的高酸化的环境下，并设置对照组，通过一段时间的培育对比而得出结论。高酸化的实验条件设定可以分为两种，一种是将物种置于由普通海水至酸性海水（表示海水酸性的指标如pH、pCO_2、碳酸钙饱和度等）按照一定比例逐渐降低的条件下进行培养，对比物种的反应情况得出结论，例如王震（2017）在对南极磷虾游泳行为的研究中，将各水槽海水的pH设定在6.3～7.9，每个水槽间的pH相差为0.1，以此观察南极磷虾游泳对海水pH

变化的响应；另外一种高酸化的实验条件设定是参照气候模型对未来海水酸化情况的预测结果设定实验组的海水酸性的指标的大小，对照组为当前推算的海水情况或是采样地点海水的情况，对比物种在两种情况下的反应得出结论，例如Bignami等（2013）在研究军曹鱼（*Rachycentron canadum*）幼体对酸化的响应的实验中就参考了Caldeira和Wickett（2005）的模拟结果，设置两组实验，第一组实验的pCO_2浓度环境为300 *μtam*、800 *μtam*和2 100 *μtam*，分别对应了当前、一个世纪以后和三个世纪以后的平均海水环境；第二组实验的海水二氧化碳分压环境为500 *μtam*、3 500 *μtam*和5 400 *μtam*，分别对应了当前极端的、一个世纪以后沿岸和三个世纪以后沿岸的海水环境。

此外，也有通过观测实地采样获取海水碳化学参数值并与生物相关参数进行对比的研究，例如北美洲西部沿岸的海洋酸化与鲼螺（*Limacina helicina*）外壳溶解关系的研究中，研究者通过航次调查同时采取水样和鲼螺样本，采样地点匹配分析水样文石饱和度（Ω_{ar}，aragonite saturation）和鲼螺外壳的溶解率的关系，以此分析不同海洋酸化程度对鲼螺外壳溶解的影响（Feely et al., 2016）。

（3）海洋酸化与单物种的关系

总体上，海洋酸化与单物种关系的相关研究结果有两个特点：第一，影响的多样化；第二，物种的响应机制复杂。

1）影响的多样化

海洋酸化对物种的影响不仅仅包括了负面的影响，也存在着一些物种对海洋酸化的反应不是很明显，甚至有着正面影响的研究结果的报道。Havenhand和Schlegel（2009）发现，近期海洋酸化导致的pH降低并不会对长牡蛎（*Crassostrea gigas*）的受精过程、精子的游泳速度及精子死亡率产生影响；Ries等（2009）发现了海洋生物钙化率随Ω_{ar}存在六种不同的变化方式，这种变化方式除了线性的正负影响及没有影响以外，还包括了当Ω_{ar}达到一定程度时才会对个体的钙化率产生正效应或是负效应，以及抛物线形式的影响（随着Ω_{ar}的增加钙化率先增加后减小）。

海洋酸化对个体的影响会随着生活史阶段的不同而不同。以鱼类为例，如前文所述，鱼类在早期生活史时期对海洋酸化的反应比较敏感，而在成鱼时期，由于鳃盖和肾脏有着对较强的酸碱平衡调节能力，因此普遍认为成鱼能够较好地抵御酸性海水的环境（Esbaugh et al., 2012）。也有例子表明，在早期生活史阶段，鱼类受到海洋酸化的影响随着发育时期的不同而不同。Kikkawa等（2003）研究了四种海洋鱼类在胚胎孵化至幼鱼的海水pCO_2的致死浓度，包括六个时期：卵裂期（cleavage）、胚胎期（embryo）、仔鱼尾椎弯曲前期（preflexion）、仔鱼尾椎弯曲期（flexion）、仔鱼尾椎弯曲后期（postflexion）和幼鱼期（juvenile），发现在卵裂期和幼鱼期pCO_2的致死浓度较低。

影响一般只发生在个体的某几个方面，随物种间机体结构和功能固有的差异而异。比如在海洋酸化对大西洋鲱鱼（*Clupea harengus*）的影响的研究中，Franke和Clenmesen（2011）发现，海洋酸化并不会影响到大西洋鲱鱼胚胎的发育和孵化，但是会降低胚胎的新陈代谢速率进而可能影响到幼体的发育，Franke和Clemmesen（2011）对实验结果进行了解释，胚胎的外膜强大的离子交换机制是阻止酸性海水影响胚胎发育和孵化的主要原因，但是胚胎孵化后，酸性海水使得鱼体细胞内RNA和DNA含量的比率降低，抑制了新陈代谢相关的生物蛋白的表达因此导致了幼鱼新陈代谢的降低；又如同样是海洋酸化对钙化的影响研究，对于鱼类，目前发现海洋酸化主要对其耳石等硬组织的发育造成影响（许友卿等，2016；Tseng et al., 2013），而对于贝类，海洋酸化影响到其钙化的外壳（Popper和Lu，2000），鱼类的耳石及贝类的外壳均为它们的钙化结构，但功能不同（鱼类：探测声音，定位等；贝类：保护作用，Tseng et al., 2013；Popper和Lu，2000），因此钙化作用功能的不同导致海洋酸化对贝类和鱼类的影响结果不同。

影响随种类的不同而不同。同为十足目的两种蟹类，在200 d相同的实验条件培养下（pH=7.8），堪察加拟石蟹（*Paralithodes camtschaticus*）外壳的钙含量与对照组（pH=8.0）没有显著的变化（$P>0.05$），而红眼雪蟹（*Chionoecetes bairdi*）外壳的钙含量则极显著的低于对照组（$P<0.01$，Long et al., 2013）。另外，一些学者结合前人的研究成果，利用Meta分析的办法综合了海洋酸化对不同种类的影响。例如Wittmann和Pöpper（2011）认为总体上，鱼类、甲壳类、软体动物的个体都会受到酸化海水带来的影响，但是软体动物受到的影响比鱼类和甲壳类大。

在海洋酸化结合其他因素的共同作用后，海洋酸化的影响变得更为复杂。如在水温偏低时（13～17℃），pH变小（由8.0变为7.5）对枪乌贼（*Loligo vulgaris*）的胚胎孵化成功率影响不大（pH=7.5时，钙化成功率为92%～96%），但是水温偏高时（19℃），pH变小极大地影响到枪乌贼的胚胎孵化成功率（pH为8.0和7.5时，钙化成功率分别为71%和43%，Rosa et al., 2014）。此外，有研究报道发现，海洋酸化也有可能降低其他因素对物种的负影响：鱼体汞含量的增加会加重鱼种的氧化压力（oxidative stress），对鱼类的生长发育不利，在温度和pCO_2浓度变化对大西洋白姑鱼（*Argyrosomus regius*）仔鱼汞含量的影响实验中（Sampaio et al., 2014），研究者发现虽然温度升高会增加大西洋白姑鱼的鳃、肝脏和肌肉的汞含量，但是pCO_2浓度的增加却会降低这个效应。

2）物种的响应机制复杂

物种对海洋酸化的响应机制也是十分复杂的。总体上，微观变化决定了个体的变化。这种微观变化可以是个体生理学（化学过程和细胞过程）上的酸碱平衡机制（Gutowska et al., 2010；Hu et al., 2010）、新陈代谢速率（Franke和Clemmesen, 2011）等的变化，也可以是生物过程上的器官发育的变化，由此影响到个体的各种表征和行为的变化。如生理学上，欧洲横纹乌贼（*Sepia officinalis*）被认为可以抗衡3 000 *μtam*浓度的pCO_2海水环境，这种高抵抗能力来源于其体内较好的酸碱平衡机制，研究表明，分布在其鳃部外侧细胞膜上的Na^+/K^+-ATP酶使得其体内的离子交换能够足以抗衡高pCO_2浓度环境（Gutowska et al., 2010；Hu et al., 2010）；又如有研究发现，酸化条件降低了大西洋鲑鱼（*Salmo salar*）幼鱼的嗅觉器官的敏感性并造成对捕食者的警觉性会退化，因此可能导致其更为容易地被捕食者发现和捕食（Leduc et al., 2010）。另外，物种对海洋酸化的响应还存在着各项生命活动的权衡，在高pCO_2浓度对鲯鳅（*Coryphaena hippurus*）仔鱼影响的实验研究中，Bignami等（2014）发现，鲯鳅通过降低新陈代谢的速率和游泳速度来促进发育、增加机体大小，推测这种响应与其能量分配有关。此外，物种在酸性条件下也存在驯化和适应性进化的可能性，Stiasny等（2018）对比了在高pCO_2浓度状态和当前pCO_2浓度状态下生活六周的大西洋鳕鱼（*Gadus morhua*）亲体生产下的幼鱼的存活率，发现食物条件充足的情况下前者会大于后者，这表明了大西洋鳕鱼通过隔代驯化机制而对海洋酸化进行的适应性响应。

（4）海洋酸化与多物种的关系

海洋酸化下的种间关系中，捕食和被捕食关系的研究占据了很大的一部分。可以看到研究海洋酸化影响下的捕食与被捕食的关系与物种变化的研究是相辅相成的。个体变化会导致种间捕食和被捕食关系的变化。以捕食者为例，这种变化可以是个体捕食能力的变化，大西洋泥蟹（*Panopeus herbstii*）以东牡蛎（*C. virginica*）的幼体为食，Dodd等（2015）通过实验发现，在高pCO_2浓度下生活的东牡蛎幼体外壳钙化会降低，使它们更容易地被大西洋泥蟹捕食，但是在高pCO_2浓度下的大西洋泥蟹只摄食实验水槽中0%～2%的东牡蛎幼体，对比于控制组的57.5%～77.5%，同时还发现，高pCO_2浓度下大西洋泥蟹的摄食时间会增长；海洋酸化还有可能造成捕食者食物选择的改变，研究发现（Vargas et al., 2013），随着pCO_2浓度的升高，似鲍罗螺（*Concholepas concholepas*）的幼体摄食组成会发生转变，由以大型细胞生物（如硅藻和甲藻）为主转换为小型生物（纳米鞭毛体和蓝细菌）；此外，海洋酸化下捕食者探测食物嗅觉和视觉等器官的改变同样会影响到它们对被捕食者的捕食能力（Dixson et al., 2015；Ferrari et al., 2012）；同时，这与海洋酸化下被捕食者抵抗捕食者能力（如器官探测、逃逸行为等）（Dixson et al., 2010；Spady et al., 2014；Allan et al., 2014）的改变一起改变了捕食和被捕食关系。另外，Kroeker等（2014）指出，被捕食者自身在海洋酸化条件下的机体改变也可能遭受更高的被捕食风险，例如，海洋酸化会降低贝类外壳的厚度，导致捕食者更容易对其造成捕食，同时个体形体大小的减少（一些捕食者更倾向于捕食小个体）、体重的降低（捕食者需要摄食更多的个体以得到维持生存所需的能量）都有可能加大物种被捕食的风险。

结合其他因素共同探究物种间的捕食与被捕食关系也是当前研究的一个热点。同样，在考虑了其他因素后，原本海洋酸化下物种间的捕食与被捕食关系会变得更加复杂，这种影响可以是协同影响，例如对安邦雀鲷（*Pomacentrus amboinensis*）和长崎雀鲷（*Pomacentrus nagasakiensis*）捕食行为的研究发现（Ferrari et al., 2015），高pCO_2浓度和温度的升高都会减少它们的捕食效率（分别为30%和70%），该研究还发现了两者共同作用的额外影响：虽然高pCO_2浓度和温度升高各自使得长崎雀鲷出现食物选择性，但是在两者的共同作用下，这种食物选择性不存在；也有不同因素相互抵消的报道，Landes和Zimmer（2012）发现，虽然pH减少会降低普通滨蟹（*Carcinus maenas*）蟹钳的咬合力度，但是温度增高又会使得这个效应被抵消，同时还发现，作为其被捕食者的欧洲玉黍螺（*Littorina littorea*）个体在pH减少和温度升高的情况下，外壳的强度没有显著变化（P=0.354），但是普通滨蟹却更倾向于捕食欧洲玉黍螺的大个体，这意味着更多的摄食时间及摄食成功率的降低，因此Landes和Zimmer（2012）推测，在海洋酸化和全球变暖的共同作用下，普通滨蟹与欧洲玉黍螺的捕食被捕食关系可能不会发生改变。

海洋酸化也会对其他种间关系造成影响。例如物种对海洋酸化适应能力的强弱会改变其在竞争关系的地位（McCormick et al., 2013）；个体的免疫能力在海洋酸化条件下的改变会影响到对有害寄生生物的抵抗力（许友卿等，2017；Wang et al., 2016）。总的来说，海洋酸化下的种间关系与物种自身的反应密不可分，两者间表现为相互影响的关系。

1.3.2 海洋酸化与渔业生态学

（1）海洋酸化与种群

种群是当前渔业管理的基本单元（詹秉义，1995）。目前的研究已经发现，种群的补充、繁殖过程将会受到海洋酸化的影响，最终影响种群的资源变动和渔业捕捞活动。同样将海洋酸化联系到种群层面上的过程与探究物种与海洋酸化的关系是分不开的。这也决定了目前学者研究种群与海洋酸化关系时常用实验推测和模型模拟研究两种方法。

1）实验推测

涉及物种的研究内容（表1-5）及结果很大程度上为种群的研究提供了基础支撑，因此许多学者结合对物种在海洋酸化下的反应对种群过程进行了推测。例如繁殖行为的变化可能会导致种群补充成功率的变化：对在酸性海水条件下红鲑（*Oncorhynchus nerka*）产卵行为进行探究发现（Kitamura和Ikuta，2000），在pH值小于6.4时，红鲑的雌性个体将不会产生产卵所必需的挖洞行为，这一现象使Kitamura和Ikuta（2000）推测由于鱼卵不受到洞穴的保护，补充成功率可能会降低，由此，海洋酸化将可能影响到红鲑种群的补充量；对不同pH海域采集的大量个体的性别鉴定可以推测酸化对种群繁殖的影响：Harvey等（2016）发现，在低pH（7.65 ± 0.01）海域采集的环节骨螺（*Hexaplex trunculus*）雌性个体比率（32.26%）要明显低于高pH（8.07 ± 0.01）海域采集的比率（52.84%），而种群雌性个体比率的降低将会减少种群的繁殖成功率，即海洋酸化下种群亲体量发生了变化；此外，还有学者将实验结果与未来海洋酸化的情况相结合推测种群补充动态：Kawaguchi等（2013）首先进行了不同pCO_2的海水对南极磷虾孵化成功率的实验并拟合出两者的关系，继而利用模型预测的未来南极周边海域海水pCO_2的分布情况，绘制了未来海域南极磷虾孵化成功率的风险地图，发现在联合国政府间气候变化专门委员会（Intergovernmental Panel on Climate Change，IPCC）设定的最极端的人类碳排放模式（RCP 8.5模式）下2300年整个南极周边海域的南极磷虾孵化成功率只有2%，南极磷虾种群在那时可能遭遇崩溃。

2）模型模拟研究

将物种的实验研究结果进行参数化应用至种群评估模型也是海洋酸化对物种种群研究的一个新方向。目前的研究主要集中在种群的补充量上。Stiasny等（2016）首先对大西洋鳕鱼种群（西白令海种群和巴伦支海种群）刚孵化的幼体置于当前和预测得到的本世纪末海水pCO_2浓度下进行培养，建立幼体存活率与天数的关系；其次由于幼体在存活25 d左右肠道已达到典型的螺旋形式，在鳃弓在30 d可见，对环境适应性增强，因此假设大西洋鳕鱼的补充量只受幼体发育后25 d和30 d的存活率控制，根据幼体存活率与天数的关系得到的25 d和30 d的存活率，作为基于环境因子的Ricker亲体补充量模型$R=\mathrm{e}^{-\mathrm{a}}\varphi_1 SSB\mathrm{e}^{-\varphi_2 SSB}$（$R$：补充量，$SSB$：亲体量，$\varphi_1$和$\varphi_2$为参数）中的常数$e^{-\mathrm{a}}$，模拟海洋酸化影响下的亲体补充量关系，并与不考虑海洋酸化（$e^{-\mathrm{a}}=1$）的亲体补充量模型结果进行对比，发现海洋酸化影响下的亲体对应的补充量要普遍地低于没有发生海洋酸化的补充量。Punt等（2014）对海洋酸化下布里斯托尔湾红帝王蟹（*Paralithodes camtschaticus*）种群变动进行了评估，并估算了未来的渔业最大持续产量（maximum sustainable yield）、渔业利润等参数，同样关注红帝王蟹的补充过程，不同的是他们首先利用更为复杂的阶段结构前补充量模型（stage-structred pre-recruitment model），结合前人的研究结果（Long et al., 2013），使用pH将补充前（192 d前）红帝王蟹生活史18个阶段的存活率进行改进，公式如下：

$$\tilde{S}_{i,T}=\tilde{S}_i\left(1-\gamma\left\{\frac{|PH_T-PH|}{PH}\right\}^{\varphi_S}\right)$$

其中，$\tilde{S}_{i,T}$为T时间PH_T影响下在红帝王蟹补充前i阶段的存活率，$\tilde{S}_i$为未受海洋酸化影响时红帝王蟹补充前i阶段的存活率，γ和φ_S为参数，pH=8.1，PH_T采用预测得到的2000—2100年各年全球平均pH；将模拟得到的各年补充情况（存活率）用于后面的种群评估中，研究发现，考虑到海洋酸化的情况后，2000—2020年，红帝王蟹种群的资源评估结果与没有考虑海洋酸化时的差不多，但是在2050年以后种群开始迅速受到海洋酸化的影响，2080年，红帝王蟹的渔业管理目标$F_{35\%}=0$，这意味着2080年以后该种群已经不适合商业性开发。

同样，也有将其他因子与海洋酸化相结合共同带入模型探究不同因子对种群过程影响的报道：Koenigstein等（2018）将温度、$p\mathrm{CO}_2$、食物条件和捕食者资源量共同带入了基于环境影响的鳕鱼补充模型（simulator of cod recruitmentunder environmental influences，SCREI），模拟白令海大西洋鳕鱼的补充量，结果表明，在本世纪末温度和pCO_2浓度增加的情景下，大西洋鳕鱼的补充成功率会降低为目前（1983—2014年的平均值）的5%，食物条件只能在较短的一段时间提升补充成功率，但是如果渔业能够提供较好的管理保证亲体的数量，补充成功率就会只降低为目前（1983—2014年的平均值）的42%，减缓了海洋酸化带来的补充成功率的下降效应。

红帝王蟹和白令海大西洋鳕鱼的研究例子充分地表明了海洋酸化对渔业种群的影响以及按照现有不考虑海洋酸化情况的渔业种群评估和管理的不足，今后其他渔业的资源评估工作也应该将海洋酸化因素考虑进去，并开展实施渔业管理及其适应性策略的模拟研究工作。

（2）海洋酸化与群落和生态系统

物种在海洋酸化下自身的变化通过食物链和食物网的方式使得海洋酸化对海洋群落和生态系统造成影响（Queirós et al., 2015）。由于渔业通过捕捞对海洋生物进行利用，这种影响使得海洋酸化同样对渔业捕捞造成影响，前面对种群的分析就是很好的例子。因此，从渔业生态学的角度，学者们的重点研究内容在于海洋酸化、渔业与群落和生态系统三者的关系，这种关系包括：海洋酸化通过群落和生态系统对渔业产生的影响；海洋酸化和渔业共同作用下群落和生态系统的变化。但是，由于群落和生态系统层面渔业捕捞通常利用的是大范围（区域或全球）的海洋群落与生态系统的海洋生物，包含了海洋酸化和渔业对物种、种群、群落和生态系统复杂的影响模式（Kroeker et al., 2014；Queirós et al., 2015），实验模拟酸化情况以实现研究目的的方法已不大适用，当下这部分的研究通常采用渔获调查观测和模型模拟研究两种方法。

1）渔获调查观测

渔获调查观测是研究海洋酸化与群落和生态系统关系的初步，探究的是海洋碳化学参数（比如pH）是否会影响到群落结构及如何影响的问题。通过调查船或渔船渔获采样分析渔获的物种组成对比于捕捞地点实测的海水碳化学的参数而的出结论。例如张怡晶（2013）探究了海州湾及附近海域无脊椎动物群落结构及其与环境的关系，发现不同季节的pH对群落的格局有一定影响；苏巍（2014）则关注海州湾鱼类群落，发现在科属水平上底层pH对群落的多样性有一定影响并用广义可加模型（generalized additive model，GAM）检验了他们之间的关系，但是研究还包含了其他因子，相关分析表明底层水温及叶绿素a（chl-a）与pH有显著的关系，该结果表明后续研究需要注重因子的独立性。

2）模型模拟研究

利用生态学模型综合研究海洋酸化、渔业与群落和生态系统三者的关系是当下研究的新方向。该类模型的优势在于不仅可以考虑到直接效应（海洋酸化与物种的关系）也可以考虑到间接效应（种间关系、食物网等更高层面的因素），并且可以通过改变模型的输入参数进行模拟研究。模型结构总结如下（Fulton et al., 2004）：包含了三个模块，渔业海洋学模型、生态模型和输出模块（图1−5）。渔业海洋学模型包含了环境变化、生物和捕捞三大块，向后续的生态模型输出生物与包括海洋酸化等环境变动的关系（如生物或生物功能团的死亡率或者是死亡率与环境间的关系式），捕捞与生物的关系（一般为捕捞死亡系数或捕捞努力量），生物与环境关系这方面的参数输入可以通过是实验研究的汇总也可以是经验赋值（Fulton et al., 2004；Fay et al., 2017；Marshall et al., 2017），捕捞与生物的关系则一般假设未来的渔业活动按照现有的程度（Fay et al., 2017；Marshall et al., 2017）；同时这一模块还将气候学、物理海洋学模型对海洋环境的模拟和预测结果耦合进生态模型，成为后面生态模型的栖息地部分（Marshall et al., 2017），但是也有研究因为直接模拟未来的情景，直接给定生物的死亡系数（Fay et al., 2017），由此这一方面可以不包括在模型内；生态模型包含了种间关系、群落和食物网部分，需要研究者根据实际情况进行设定，一般情况下模型模拟的是一定区域海洋生态系统，因此食物网通常包含了初级生产者至顶级消费者的整体结构，最后模型将模拟出的生物、群落及生态系统和捕捞三个部分的变化情况输出。目前已经应用到的模型有Atlantis end-to-end模型（Fay et al., 2017；

Marshall et al., 2017）和Ecopath with Ecosim模型（Cornwall和Eddy，2015）等。总体来看，研究结果有以下几点：

海洋酸化会对不同的海洋生物产生不同的作用。Fay等（2017）将海洋酸化因素考虑到1995—2014年美国东北部海洋生态系统模型种，结果发现，在假设海洋酸化会对生物自然死亡率造成影响的各种情景下（范围为增加0.000 5～0.3 d^{-1}），模拟的鱼类、鲨鱼和海洋保护动物、无脊椎动物的生物量都会下降，但是对浮游动物的影响较小，而对桡足类来说，海洋酸化对其生物量产生了促进作用。

海洋酸化对渔业总体有着负的影响，但是对不同种类渔业的影响不同。例如Fay等（2017）的研究就发现海洋酸化总体上是对总产量有着降低的效应，但是对于大西洋鲱鱼、中层生物（Mesopelagics）功能团等涉及的渔业，海洋酸化能够增加渔业的产量。Marshall等（2017）对2050年加利福尼亚海域生态系统模拟中也发现海洋酸化对海胆类渔业的产量有着正效应。

在将海洋酸化与捕捞等因素共同结合后，对海洋生物的影响多样。总体上，这种综合影响（I）可表现为累加的（additive，I=a+b）、对立的（antagonistic，I<a+b）和协同的（synergistic，I>a+b）。Griffith等（2011）结合海洋酸化与渔业两个因素对2010—2050年澳大利亚东南海域的生态系统模拟中就同时发现这着三种效应，例如高强度（pH=7.77）的海洋酸化和捕捞会分别对深海底层鱼类、大型肉食性浮游动物生物量产生效应（前者为负效应，后者为正效应），但不会有额外的影响出现（累加效应）；中等强度的海洋酸化（pH=7.92）在2040年之前会对底层无脊椎动物生物量产生负效应，但是由于捕捞导致的捕食者减少，因此释放了密度制约效应，两者的综合的结果是增加了对底层无脊椎动物的生物量（对立效应）；海洋酸化和捕捞都会造成海山附近的生物多样性的降低，但是两者综合的效应会大于海洋酸化和捕捞分别影响的总和，这种增大来源于海洋酸化导致一些物种的生物量变化通过种间捕食和被捕食关系导致的其他物种生物量的改变（协同效应）；中等强度海洋酸化下对海洋生物生物量的不同影响占比为：30%（累加效应）、33%（对立效应）和37%（协同效应），高强度海洋酸化下这些值变为22%（累加效应）、38%（对立效应）和40%（协同效应）。另外，海洋生态系统不同因子的共同作用会导致研究结果产生不同，Griffith等（2012）的另外一项研究中将模型加入了海水变暖因子，首先模拟了海洋酸化和海水变暖对澳大利亚东南海域生态系统的影响，加入捕捞因素后发现，对立效应的总体占比由65%减少到25%，协同效应由25%增加到53%。

在群落和生态系统层面上，高强度的海洋酸化总体上带来了负影响并可能带来群落的格局转换（regime shift）。对2010—2050年澳大利亚东南海域的生态系统模拟中，Griffith等（2012）发现中等强度的海洋酸化下，在2050年的群落丰度、均匀度和生物多样性都会比模型开始时的2010年低，同时大型鱼类减少，小型鱼类增多；但是群落中上层生物与底层生物的比值随时间保持稳定，表现了群落结构的稳定性，而研究发现在高强度海洋酸化条件下在2040年群落总体的中上层生物与底层生物的比值变动趋势将由原来的增加转换为减少，体现了海洋酸化带来的群落格局转换，这个研究结果表明海洋酸化强度的变化会深刻影响到群落结构的变化。

在考虑海洋酸化后，渔业管理面临更大的挑战。首先，对不同物种，海洋酸化和捕捞的影响大小正负不同，对于一些渔业，模拟研究发现，捕捞的减少效应要比海洋酸化的效应（如美国东北部的如马鲛鱼和鳕鱼渔业（Fay et al., 2017），这种情况同样在其他生态系统的模拟研究中发现（Fulton et al., 2004；Marshall et al., 2017）；其次， Cornwall和Eddy（2015）曾模拟了只关闭龙虾渔业对后新西兰惠灵顿南海岸Taputeranga海洋保护区生态系统的变化，发现海洋酸化下关闭所有渔业可以增加鲍鱼（52%）、肉食性鱼类（11%）和草食性鱼类（13%）的生物量但是会降低龙虾的生物量，同时研究还模拟了只关闭龙虾渔业对生态系统的影响，发现虽然总体上海洋酸化还是会对生态系统产生负面的影响，但是龙虾的资源量能够得以恢复，海洋酸化会减少龙虾的资源量，然而，正因为这点，在结合其他食物网因素后其捕食对象（草食性动物和大型藻类）的资源量还是会上升，这意味着是否可以在后续的管理中开放一部分的龙虾捕捞以提高龙虾捕食对象的生物量呢？但是开放龙虾捕捞后，结合其他因素后龙虾的捕食对象资源量会变得如何呢？这表明在海洋酸化下的渔业管理时，在了解渔业与物种本身的关系后，调配不同渔业的程度时需要进行权衡：在保证生态系统的变动达到人们所接受的目标的前提下，又能够确保渔业产业的稳定性，这需要进一步地进行模型模拟研究来判断。

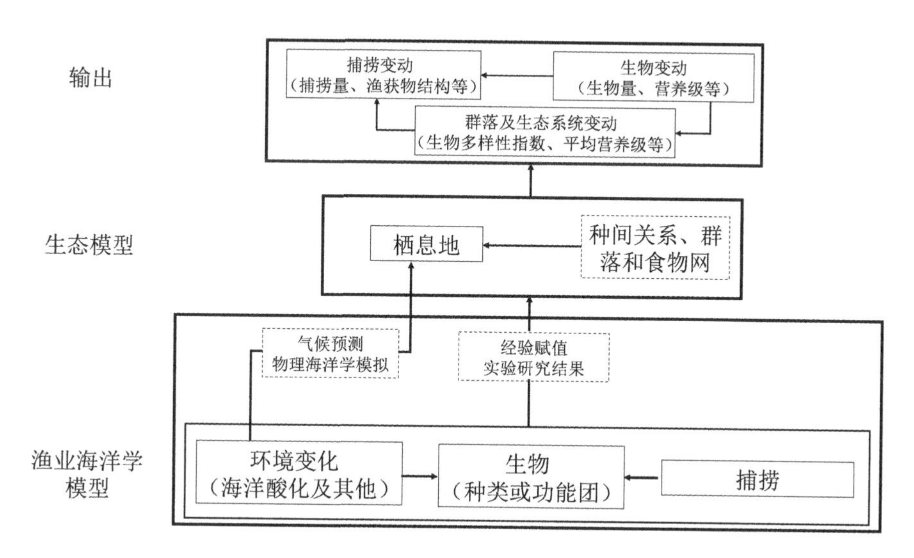

图1-5　海洋酸化下渔业生态系统模型结构示意图

1.3.3　海洋酸化与渔业产业

渔业资源的变动最终会导致渔业产量、利润的变化，最终影响整个渔业整个产业。因此一般的研究思路为，将海洋酸化下预测渔业资源变动及产量变化的相关研究结果与经济社会学知识相结合，由此推断未来的变化。例如Cooley和Doney（2009）基于Gazeau等（2007）的分析结果，将2060年海洋酸化造成的美国东北部软体动物渔获损失设定为减少10%～25%（分别对应于不同程度的海洋酸化情况），在假定0%～4%的贴现率下，海洋酸化会造成软体动物渔业净现值损失324百万～5144百万美元（以2007年为基准）；Narita等（2012）综合了Kroeker等（2010）的海洋酸化（2100年，pH减少0.4个单位）影响下的全球软体动物钙化率（减少0%～65%）和存活率（减少

0%～62%）的meta分析结果，假定这两个数据会直接影响到渔业产量，通过局部平衡分析（partial-equilibrium）估计在2100年软体动物渔业的剩余损失为1110亿～1410亿美元。

还有一些研究将渔业利润或经济模型带入到种群模型或渔业生态系统模型中评估海洋酸化的影响。例如前面布里斯托尔湾红帝王蟹种群分析的例子中，Punt等（2014）就利用了捕捞红帝王蟹的成本和价格数据计算了最大经济产量（maximum economic yield）；Marshall等（2017）在对加利福尼亚海域生态系统的生物量模拟后，结合渔业利润数据研究海洋酸化带来的经济损失。相关研究发现（Marshall et al., 2017），生物量变化最终直接导致了经济效益的正负，虽然海洋酸化可能会促进某些物种的产量（如加利福尼亚的海胆渔业），但从总体的结果来看，海洋酸化对未来渔业产业的影响是负面的。

此外，Mathis等（2015）和Heinrich和Krause（2017）结合了社会和经济的多项因素构建了风险指数（Risk Index）分别对阿拉斯加各区和挪威各郡渔业遭受海洋酸化的风险进行了评估：该指数包含了危害性（hazard）、暴露性（exposure）和脆弱性（vulnerability）三个方面，危害性指的是沿岸遭受海洋酸化的程度，这种程度根据模型预测的沿岸海水酸化程度的大小量化为数字1～4；暴露性代表了海洋酸化对渔业的影响，构建方法：首先依据不同权重的各研究区域不同种类渔业产量或利润的线性相加，权重的选取根据前人研究得到的渔获对象对海洋酸化的敏感程度，例如Heinrich和Krause（2017）构建了一个简单的公式：$E=2C_{cat1}+C_{cat2}$，其中C_{cat1}为挪威甲壳类的产量，C_{cat2}为鱼类的产量，基于前人的研究，甲壳类比鱼类更容易受到海洋酸化的影响，因此Heinrich（2017）在C_{cat1}前乘以了权重数字2，最后依据计算结果的大小量化为1～4；脆弱性指的是经济社会系统对渔业的依赖程度，包含了敏感性和适应能力两部分内容，敏感性代表的是该地区渔业在经济中的重要性，与地区渔业产值占国民生产总值的比例正相关，适应性能力则表示了地区对海洋酸化影响本身的适应能力，如渔民的收入和受教育程度、产业的多样性、食物产品的来源等，和敏感性一起，根据地区自身的情况加以权重最后量化为统一的数值，依据计算结果的大小量化为1～4；将危害性、暴露性和脆弱性三个数值进行平均就得到了风险指数，其值越大则代表了该区域渔业可能受到海洋酸化影响的风险就越高。这种方法虽然得出的是相对值，但是综合了多项因子，可以为区域渔业管理及政策的制定提供借鉴。

1.3.4　存在的问题

研究表明，海洋酸化对物种的影响多样，物种本身也对海洋酸化存在复杂的响应；上升到渔业种群和生态学层面，海洋酸化可能造成渔业种群崩溃，群落和生态系统结构变化，同时给渔业经济和社会带来不利的影响；另外在海洋酸化结合全球变暖、捕捞等因素后，对物种、种群、群落和生态系统的作用变得更加复杂，这些都给未来的渔业管理带来了挑战。研究方法上，种群、群落和生态系统、渔业经济与社会的反应需要以海洋酸化与物种关系的研究为基础，推断及模型模拟是当下常用的两种方法，而目前物种与海洋酸化关系的研究则以实验模拟为主。相关研究从不同角度揭示了海洋酸化与渔业资源的内在联系的同时，也暴露出研究存在的以下几个问题：

（1）在海洋酸化与物种关系的实验研究中，通常将物种置于恒定的酸化海水的条件下，这有可能不能模拟真实海水的变动情况。尤其是近岸，已有观测发现，近岸海水的pH季节性变化巨大，其变化的最小值可以低于未来海洋酸化产生的程度（Hofmann et al., 2011）；同时，即使是模型预测到在最严重的情景下（A1F1），海洋酸化的年间变化还是很微小的，预测发现：21世纪百年内pH平均每年内减少0.003个单位（Gattuso和Hansson., 2011），由此，物种实际生活在短时间内pH变化剧烈、长时间内pH缓慢下降这样一个真实的海水环境，在这样一种环境生活的海洋生物的变化是否与实验时将其直接置于高酸化海水时的变化一致呢？这个问题有待于学者们的进一步验证。在实际操作中，需要增加较长时间的连续实地观测和采样，以更为真实地解释海洋酸化对物种的影响。同时，全球海洋还经历着全球气候变暖（肖启华和黄硕琳., 2016）、脱氧化（Bakun et al., 2017）等其他气候变化，现有分析表明，在结合了温度因素后，物种的反应与单单海洋酸化变动的反应是不同的（Rosa et al., 2014；Long et al., 2013），而一些实验探究仅仅只是研究海水碳化学参数变化对物种的影响，这不可避免地会造成研究结果不能反映未来海水实际的变化，对后续的应用造成困难，因此今后的实验设计中还需考虑多种因素的共同作用以便真实地模拟未来海水的环境。

（2）大多数海洋酸化与物种关系的研究实验时间过短，同时注重的是物种反应的平均态。目前大多数实验都是在一个很短的时间内观测物种的反应，而海洋酸化却是一种长时间的气候变化，但是已有不少研究发现了物种驯化和适应性进化机制的存在（Maneja et al., 2013；Sunday et al., 2011），过短的实验时间可能会掩盖物种的这种机制的存在；此外，虽然实验发现了在高酸化条件下物种反应及性状的变化与控制条件下的变化显著差异，但是这种差异的检验是基于平均态的检验，一些研究也发现物种在高酸化条件下也会表现出控制条件时的反应和性状，如堪察加拟石蟹和红眼雪蟹的甲壳长和湿重（Popper和Lu., 2000）、大西洋鳕鱼幼鱼的耳石等（Maneja et al., 2013），这来源于物种性状表现的表观多样性，而进化学认为（Pespeni et al., 2013；Sunday et al., 2011），表观多样性的存在有可能会促进物种的选择性进化，Sunday等（2014）根据不同pCO_2浓度条件下红海胆（*Strongylocentrotus franciscanus*）和油黑壳菜蛤（*Mytilus trossulus*）的幼鱼形态大小分布结果构建了选择性指数，发现在2100年的酸化条件下红海胆存在更高的进化可能性。对于其他物种，根据实验结果推断进化可能性有多大也是需要学者后面进一步研究的问题。

（3）海洋酸化与物种关系的实验结果应用到更高层面上的联系研究缺乏。种群模拟目前只是假设海洋酸化对物种的早期生活史造成了影响（Punt et al., 2014；Stiasny et al., 2016；Koenigstein et al., 2018），即早期生活史的补充量变动决定了种群的动态，虽然这对一些鱼类可能是可行的，因为海洋酸化对成体鱼类的影响比幼体低很多（刘洪军等, 2012；Esbaugh et al., 2012；Melzner et al., 2009），但是海洋酸化还影响到物种（不止鱼类）生活史的其他方面（繁殖、硬组织形态、行为和摄食等，见表1-5），同时可以通过种间关系影响到物种（如食物网的改变对大西洋鲱鱼的幼鱼有利，Sswat et al., 2018），因此这需要将同一种物种的研究结果综合量化到种群模型模拟研究里（如归一为种群评估模型的自然死亡系数M）才能模拟实际的情况。在生态模型和渔业经济的研究中也发现了这种情况：笼统地设定生物的死亡率数据，如Griffith等（2011）在对澳大利亚东南海域的生态系统模拟中就将原死亡率的1%作为高等强度海洋酸化对各个生物造成每天的额外死亡率。海洋酸化对物种影响的综合量化评估这个问题已有的方法是综合相关实验研究文献，进行汇总分析（如Meta分析等），但是这种方法与研究者选取的实验结果有关，同时评估结果通常是针对一个大型的生物功能组（如鱼类、甲壳类、软体动物等），没有地域特异性。目前，只有Marshall等（2017）的加利福尼亚海域生态系统模拟模型中利用了Busch和McElhany（2016）的研究成果，该成果综合了加利福尼亚海域海洋酸化与物种的相关研究，给出了pH下降对不同物种的相对生存标量（relative survival scalars），这个例子可以为后续的研究提供借鉴。另外，种群是目前渔业管理的基本单元，渔业科学中的种群研究还涉及种群结构（体长组成、年龄组成等）、种群动态（资源时空分布）等内容，实际应用中，渔民不仅关心产量的多少（资源量变动决定），还关心渔获物的质量（由种群结构决定）及在哪里能找到中心渔场（种群的时空分布）等问题（陈新军，2014），这些问题是由种群层面上的研究决定的，海洋酸化是如何直接（如适宜的海水pH范围）或者通过物种的反应间接地影响到种群的上述变化？目前相关的研究还有待开展。

（4）研究海洋酸化与渔业资源关系的目的在于最大程度保证渔业的健康及降低海洋酸化对海洋生态系统的风险。渔业管理通过调控配额或捕捞努力量的方式来调控渔业的强度以保证种群和生态系统的可持续发展（黄硕琳和唐议，2010），在应对海洋酸化的影响时也基本按照这个方法进行实践。渔业管理应该建立怎样的适应性策略和预防性措施呢？对于单一种群，海洋酸化下需要如何改变捕捞程度可以尽可能的保持渔业种群的健康发展？这需要学者进行种群模型模拟研究工作。同时，基于生态系统的渔业管理是目前渔业管理的新的趋势（Hilborn，2004）。分析表明，渔业和海洋酸化等因素对生态系统的共同效应包括了正效应、负效应和对立效应（Marshall et al., 2017；Griffith et al., 2012）；有时渔业对物种的影响会大于海洋酸化的影响（Marshall et al., 2017）。因此后续的研究工作还是需要认清渔业与种群及生态系统本身的关系的基础上，设定具体目标（减少海洋酸化会对包括非商业性开发种类的特定种群、群落、生态系统的不利影响至人们可接受的程度）。相关研究流程为：首先进行模型模拟研究，权衡不同渔业的配额或捕捞努力量，同时还要把经济因素考虑在内，最终达到渔业系统及生态系统的最优平衡。

综上所述，海洋酸化与渔业关系的研究重点在于寻找联系、找到平衡（图1-6）。联系包括了未来真实海水情况与物种及物种之间的联系、微观（物种个体的变化）到宏观（种群、群落、生态系统和渔业经济等的变化）不同层面之间的联系；找到平衡为今后的渔业管理种需要找到渔业资源种群、群落和生态系统健康发展与渔业捕捞产业、经济稳定的平衡。为此，今后的研究还需注重多学科（海洋学、生物学、渔业科学、经济学等）的共同结合，为渔业应对全球气候变化，保障生态系统可持续发展提供技术支撑。

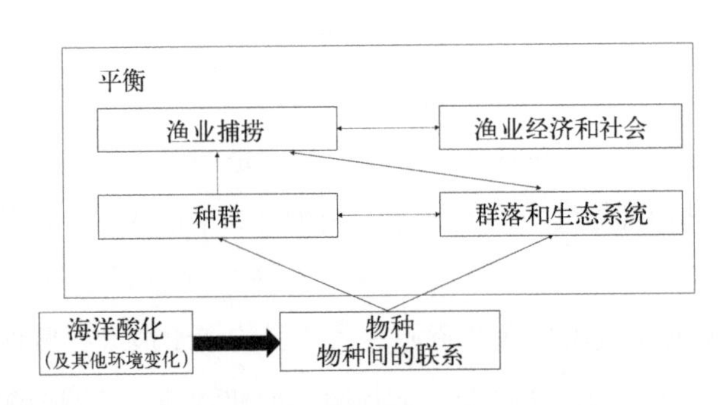

图1-6　海洋酸化与渔业关系研究框架

1.4　主要研究内容

本专著的主要科学问题为：海洋酸化对全球渔业产业及区域多层面（种群和生态系统）的影响如何？针对这一科学问题，后续将围绕以下三个问题进行研究：

（1）目前的影响研究还处于初步阶段，对物种的影响主要以实验和早期生活史为主。在种群研究中只是针对补充量进行模拟，在渔业海洋学层面上，种群的空间变动和资源量的变化受到海洋酸化的影响是怎样的？

（2）已有研究对挪威和阿拉斯加不同地区受到海洋酸化的影响进行了评价，但是目前的研究还未有对全球范围内捕捞产业在海洋酸化下的潜在风险进行评价。

（3）目前大多数研究都揭示海洋酸化对渔业的影响，那么渔业上应该对海洋酸化采取怎样的应对策略？

为此，研究首先从宏观入手，进行海洋酸化情况下全球各国专属经济区捕捞产业潜在风险评估；根据风险评估结果，选取渔业受海洋酸化影响较为严重的区域（东白令海大陆架海域）作为研究对象，首先结合观测数据，描述该区域近年来海洋酸化的时空变化趋势；其次分析海洋酸化下主要物种的空间上的变动及资源丰度的变动；最后结合生态系统模型分析结合捕捞因素后海洋酸化下海域生态系统及各种类渔业受影响程度大小，并进行应对策略分析。

各部分内容阐述如下：

（1）海洋酸化情况下全球各国专属经济区海洋捕捞产业潜在风险评估。

利用气候模型预测的两种情景下（共享社会经济路径情景，shared socioeconomic pathway，SSP1-2.6情景和SSP5-8.5情景，分别代表了未来海洋酸化发生的最缓和和最剧烈的情况）2050—2054年海水表层pH数据，及全球沿海国产量、社会经济上与捕捞产业的相关指标，构建了海洋酸化情况下全球各国专属经济区海洋捕捞产业潜在风险评估模型，对21世纪中叶（2050—2054年）全球各国专属经济区海洋捕捞产业受到的潜在风险进行评估。根据该部分内容的研究结果，后续的分析选取渔业受海洋酸化影响较为严重的区域（东白令海大陆架水域）作为研究对象。

（2）海洋酸化对东白令海大陆架水域渔业资源的影响。

首先以文石饱和度（aragonite saturation，Ω_{ar}）作为海洋酸化指标，对东白令海大陆架水域海洋酸化时空变化规律及其影响因素进行分析。其次基于1982—2014年东白令海大陆架底层拖网的调查数据及底层海水pH数据，利用相关性分析和适宜性指数模型，对物种（鱼类、甲壳类和软体动物）的空间分布及栖息地（分布重心和栖息地面积）的变化进行分析。采用相同的数据，利用动态回归模型对pH变动下，鱼类、甲壳类和软体动物的资源变动进行探究。

（3）海洋酸化下东白令海大陆架海域渔业生态系统模拟研究。

研究首先结合东白令海大陆架海域的实际食物网情况（捕食和被捕食关系），利用Ecopath模型构建2005—2014年海域相应的渔业生态系统；并使用Ecosim模型模拟海洋酸化带来的甲壳类和软体动物额外死亡率的情况下，2015—2100年海域渔业资源的资源量及其对应的渔业产量、生态系统相关指标的变化；从受影响的渔业资源出发，模拟该如何调整捕捞策略（捕捞死亡率）以维持渔业及生态系统的稳定。

研究的技术路线如图1-7。

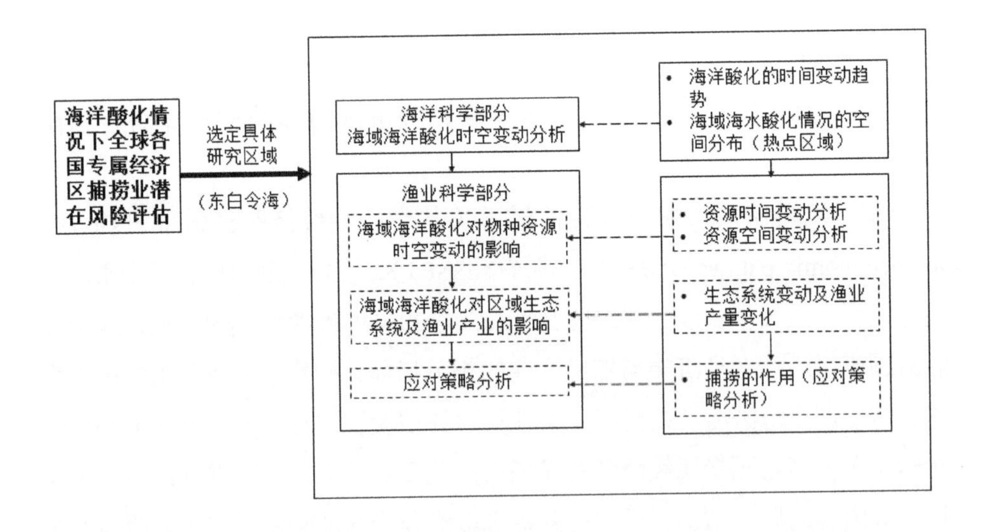

图1-7 研究技术路线图

第2章　海洋酸化情况下全球各国专属经济区海洋捕捞产业潜在风险评估

捕捞是人类利用海洋生物的一种重要方式，通过捕捞，人类可以利用海洋生物提供蛋白质，是陆地动物蛋白质的良好的补充（孙吉亭, 2003；陈新军, 2004；2014）；同时，由于产业的形成，海洋渔业同样带给国家一定的益处，如就业机会、经济收入和社会稳定等（陈新军, 2004）。目前，气候变化正深刻地影响海洋渔业，这些气候的变化包括海水变暖、海洋酸化、低氧海水增加和海平面上升等（刘红红和朱玉贵，2019），Cheung等（2010）认为，未来的气候变化使得全球的捕捞量的分布发生改变，高纬度区域捕捞量增加20%～70%，低纬度则减少40%；Lam等（2016）则认为，未来的北极海冰融化及海水温度上升会使海洋渔业的产量上升，从而有利于周边沿海国的渔业产业，但是海洋酸化会降低这个效应。海洋酸化指的是海水pH逐年上升的现象（Caldeira和Wickett，2003），是人们关心的热点气候问题之一（刘红红和朱玉贵，2019），海洋酸化通过改变生存环境（pH）从而影响到海洋生物：分析表明，由于软体动物和甲壳类具有钙质外壳，生物的生长和存活最容易受到海洋酸化的影响（Chan和Connolly，2013；Gibson et al., 2011；Hoegh-Guldberg et al., 2007）；而鱼类等海洋生物则容易在幼体受到酸化海水的不利影响（Bromhead et al., 2015；Franke和Clemmesen, 2011）。同样，海洋酸化对物种造成的影响也会在渔业上有所体现：例如Narita等（2012）研究发现海洋酸化对软体动物造成的不利影响将会在2100年使软体动物渔业产值损失1110亿～1410亿美元；Branch等（2013）同样认为，海洋酸化会造成软体动物渔业产量的减少，但是会增加海藻和海草区域的产量（酸化带来海水较多的二氧化碳，增加了光合作用）。那么对于整体的海洋捕捞产业，海洋酸化对海洋捕捞产业的潜在风险到底有多大？海洋捕捞产业是否对海洋酸化有一定的适应能力？不同的国家和地区海洋酸化对海洋捕捞业造成的潜在风险是否有所差异?

要解决这些问题，需要从宏观层面进行对比分析。2009年Allison等（2009）提出了渔业风险性评价的概念，政府间气候变化专门委员会（Intergovernmental Panel on Climate Change，IPCC）在2014年给出了气候变化下的风险性（Risk）的评价框架（Field，2014）。对国家层面的渔业受到气候变化进行潜在风险评估有利于人们了解海洋酸化等气候变化造成渔业产业的危害和原因（丁琪，2017；McClanahan et al., 2015），同时，在人类无法良好地减缓海洋酸化的情形下，可以提示人们如何在经济社会层面加强渔业对海洋酸化的适应能力。目前（截至2019年底）只有两篇文献进行了区域上的海洋酸化对渔业潜在风险的评价，分别为Mathis, Heinrich和Krause（2017），他们结合了社会和经济的多项因素构建了风险指数模型分别对阿拉斯加各区和挪威各郡渔业遭受海洋酸化的风险；丁琪（2017）利用了包含海洋酸化等多个气候变化因子，对全球各沿海国海洋渔业受到未来气候变化的脆弱性进行了评价，但是其研究未将海洋酸化与受其影响较大的捕捞业（软体动物和甲壳类）联系起来，同时是多个气候变化的综合分析，目前未有从全球层面单独评价沿海国专属经济区受到海洋酸化潜在风险的分析工作报道。

研究表明，沿岸区域相对于远洋受到海洋酸化的程度影响更大（Feely et al., 2009；Hofmann et al., 2011；Duarte et al., 2013），同时，根据Seaaroundus网站（http://www.seaaroundus.org/）的统计的1950—2014年间全球专属经济区的捕捞产量占到了世界捕捞总产量的97%～99%。可见评价全球各国专属经济区海洋捕捞业受到海洋酸化的风险很有必要。为此，研究结合Mathis等（2015）和Heinrich和Krause（2017）的方法，利用气候模型预测的2050—2054年海水表层pH（即海洋酸化）及全球沿海国产量和社会经济上与渔业的相关指标，构建了海洋酸化情况下全球各国专属经济区海洋捕捞产业潜在风险评估模型，对21世纪中叶（2050—2054年）全球各国专属经济区海洋捕捞产业受到的潜在风险进行评估。研究结果可为人们了解海洋酸化的整体影响及后续海洋捕捞产业应对海洋酸化的管理策略提供依据。

2.1 研究数据与研究方法

2.1.1 数据来源

研究使用的产量、社会经济上与渔业相关的指标及数据来源见表2-1，经过数据的匹配，共有81个国家或地区存在完整的数据。

表2-1 研究数据及数据来源

指标	描述	来源
海水表层pH	当前（2010—2014年）沿海国专属经济区表层pH模拟结果 SSP1-2.6和SSP5-8.5模式下2050年（2050—2054年）沿海国专属经济区预测pH的5年平均值	NOAA地球流体力学实验室GFDL-ESM2G模型模拟结果[1]
渔获数据	当前（2010—2014年）沿岸专属经济区捕捞产量，物种	Searound us [2]
渔获产值	当前（2010—2014年）各国沿岸专属经济区捕捞产值数据，物种	
国民生产总值	当前（2010—2014年）年均国民生产总值	世界银行网站[3]
劳动力	当前（2003年）年均劳动力	
食物依赖度	$\text{食物依赖度}=\dfrac{\text{鱼类蛋白摄入量/总动物蛋白摄入量}}{\text{总动物蛋白摄入量/所需摄入的动物蛋白量}}$	
贫困率	当前（2010—2014年）各国年均贫困率	
失业率	当前（2010—2014年）各国年均失业率	
受教育程度	以各国人类发展指数进行衡量	联合国人类开发计划署[4]
渔业劳动力	当前（2003年）年均从事渔业的劳动力	Teh和Sumaila（2013）
水产品出口总额	当前（2010—2014年）各国沿岸专属经济区捕捞产值	FAO[5]

注：数据来源：

1. https://esgf-node.llnl.gov/search/cmip6/
2. http://www.seaaroundus.org/
3. http://www.worldbank.org/
4. http://hdr.undp.org/en
5. http://www.fao.org/fishery/statistics/global-commodities-production/query/en

2.1.2 研究方法

研究基于Mathis等（2015）和Heinrich和Krause（2017）的评价方法，根据数据构建表征渔业产业的三个指标：危害度、暴露度和脆弱度，最后将这三个指标整合成风险系数进行评价。各指标的意义及构建方法如下。

（1）危害度

危害度指的是各国沿岸专属经济区的海洋酸化变化情况。研究使用了当前第六阶段的国际耦合模式比较计划（coupled model intercomparison project phase，CMIP6）中的两种极端共享社会经济情景（shared social-economic pathways，分为SSP1-2.6情景和SSP5-8.5情景）的预估结果，代表了两种极端形式，其中SSP中的1～5分别代表了可持续、中等、局部、不均衡和常规发展（Van Vuuren et al., 2012），2.6和8.5即辐射强迫强度（张丽霞等，2019），这两种情景模式预估结果分别代表了未来海洋酸化发生的最缓和和最剧烈的情况。分别统计当前（2010—2014年）和21世纪50年代（2050—2054年）各专属经济区的pH，求得差值作为危害度的指标。

（2）暴露度

暴露度表征了海洋酸化对渔业的影响（Mathis et al., 2015）。海洋酸化下研究和实验分析认为，易受影响的渔获群体为甲壳类、软体动物（不包含头足类）和珊瑚礁区域的鱼类（Chan和Connolly，2013；Gibson et al., 2011；Hoegh-Guldberg et al., 2007；Wittmann和Pörtner，2013），其他种类也会受到海洋酸化的影响。以当前（2010—2014年）的渔获情况进行分析，因此按照Mathis等（2015）和Heinrich和Krause（2017）的办法，对于易受影响的渔获群体，将产量乘以权重系数2，其他渔获群体的产量则乘以权重系数1。

（3）脆弱度

脆弱度表征各国对海洋酸化下的渔业产量变化的敏感性和适应性，为社会经济学方面的内容，其中，敏感性包括经济敏感性和社会敏感性，其中经济敏感性，表征国家经济受渔业的影响程度（Mathis et al., 2015；Heinrich et al., 2017）。以两个指标表征，（a）当下（2010—2014年）渔业产值占总GDP的比例；（b）当下（2010—2014年）水产品出口总额占GDP的比例。按照Mathis等（2015）和Heinrich等（2017）的办法，分为易受影响的渔获群体的渔业产值和水产品出口额乘以权重系数2，其他则乘以权重系数1。社会敏感性为国家社会受渔业的影响程度，以两个指标表征：（a）当下（2003年）渔业劳动力占总劳动力的比例；（b）食物依赖度，即该国人民对水产品的依赖程度计算公式如下：

$$\text{食物依赖度} = \frac{\text{鱼类蛋白摄入量/总动物蛋白摄入量}}{\text{总动物蛋白摄入量/所需摄入的动物蛋白量}}$$

适应性则反应了国家对渔业产业变化的响应和调控能力（Mathis et al., 2015；Heinrich et al., 2017）。有三个表征：受教育程度、贫困率和失业率，其中受教育程度用人类发展指数来衡量，将以上的指标首先进行标准化处理，方程为（$I-I_{min}$）/（$I_{max}-I_{min}$）以换算至0～1，再按照Mathis等（2015）和Heinrich等（2017）给定的系数以如下公式计算脆弱度：

$$\text{脆弱度=敏感性}-\text{适应性=（社会敏感性+经济敏感性）}-\text{适应性}=1/2\times\text{（}2/3\times\text{渔业产值占总GDP比例}+1/3\times\text{水产品出口总额占GDP的比例）}+1/2\times\text{（}1/2\times\text{渔业劳动力占总劳动力的比例}+1/2\times\text{食物依赖度）}-\text{（受教育程度}-1/2\times\text{贫困率}-1/2\times\text{失业率）}$$

其中为防止脆弱度计算时为负的情况，将脆弱度系数再进行一次标准化处理。

（4）风险系数

将危害度、暴露度和脆弱度按照方程（$I-I_{min}$）/（$I_{max}-I_{min}$）进行标准化处理，其中危害度指数将两个情景放在一起标准化，按照如下公式计算风险系数（Mathis et al., 2015；Heinrich和Krause，2017）：

$$\text{风险系数} = 1/3\times\text{危害度} + 1/3\times\text{暴露度} + 1/3\times\text{脆弱度}$$

将得到的两个情景得到的风险系数结果共同标准化至0～1，其中0～0.25、0.25～0.5、0.5～0.75和0.75～1分别表示极低、低、中等和高等四个等级，用以表征海洋酸化对海洋捕捞产业的影响。标准化的过程中，危害度和风险指数为两个情景放在一起计算，以便比较不同情景的差异。

2.2 危害度、暴露度和脆弱度

2.2.1 危害度

在SSP1-2.6的情景下（图2-1），2050—2054年与2010—2014年相比，全球海水表层pH平均下降了0.048个单位，其中北极海域下降的最多（大于0.07个单位），其他海域则下降的较少，平均为0.025个单位，此外如南极附近和中国渤海的海水pH还发生了上升的情况。

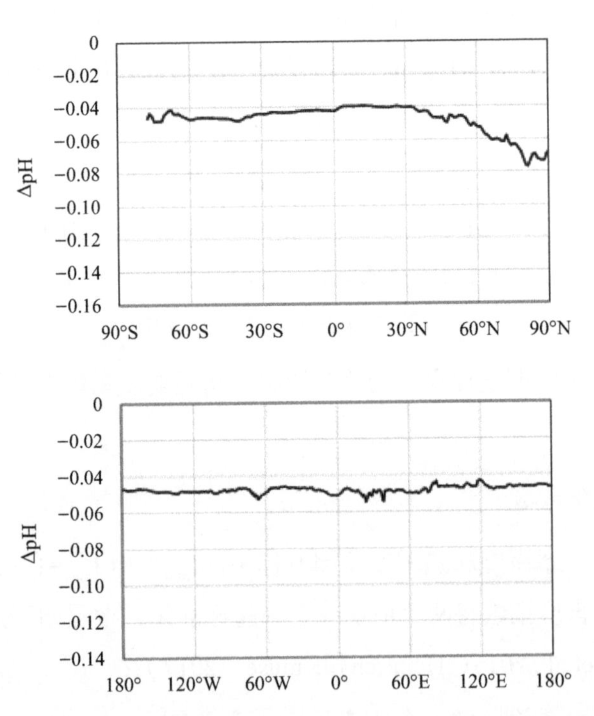

图2-1 SSP1-2.6情景下2050—2054年与2010—2014年海水表层平均pH之差（ΔpH）

在SSP5-8.5的情景下（图2−2），2050—2054年与2010—2014年相比，全球海水表层pH平均下降了0.112个单位，同样北极海域下降的最多（大于0.15个单位），大洋区域普遍下降了0.1个单位，热带海域、非洲和南美洲的沿岸区域与除北极以外的其他区域相比下降得较少（0.075个单位）。

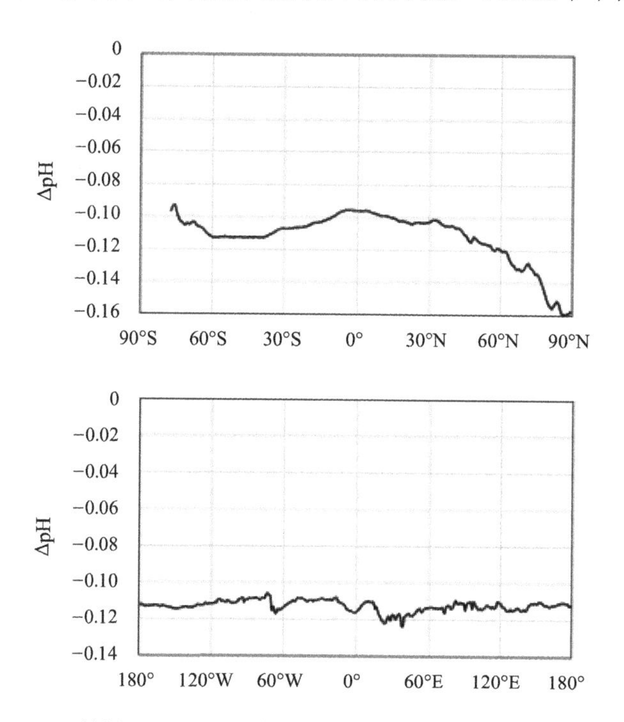

图2−2　SSP5-8.5情景下2050—2054年与2010—2014年海水表层平均pH之差（ΔpH）

对于所研究的沿海国，SSP1-2.6的情景下，2050—2054年与2010—2014年相比，其专属经济区海水表层pH平均下降了0.044个单位（0.033～0.12）；SSP5-8.5的情景下海水表层pH则平均下降了0.104个单位（0.074～0.17）。

换算成危害度指数后，可以发现，SSP1-2.6的情景下（表2−2），绝大多数专属经济区都为低风险或极低风险的状态（小于0.25），只有波罗的海地区的拉脱维亚是高等风险状态（0.93），爱沙尼亚（0.51）为中风险状态；SSP5-8.5的情景下（表2−2），风险程度普遍提升，未发现极低风险的专属经济区，其中高纬度地区如加拿大和波罗的海附近的国家或地区都变为高风险状态；中等风险和低风险的区域主要集中在热带，即危害度风险随着纬度的升高呈正相关的关系。

表2-2 ssp1-2.6和ssp5-8.5情景下海洋酸化的危害度、暴露度、脆弱度和风险系数

国家	危害度（SSP1-2.6）	危害度（SSP5-8.5）	暴露度	脆弱度	风险系数（SSP1-2.6）	风险系数（SSP5-8.5）
阿尔及利亚	0.23	0.72	0.57	0.57	0.50	0.70
阿尔巴尼亚	0.28	0.71	0.03	0.41	0.23	0.41
阿根廷	0.41	0.91	0.82	0.39	0.60	0.81
澳大利亚	0.40	0.89	0.23	0.16	0.26	0.46
比利时	0.00	0.92	0.09	0.24	0.07	0.45
孟加拉	0.21	0.88	0.80	0.85	0.70	0.97
贝宁	0.35	0.69	0.34	0.82	0.56	0.70
所罗门群岛	0.33	0.82	0.47	0.89	0.63	0.83
巴西	0.26	0.74	0.67	0.49	0.52	0.72
加拿大	0.48	0.98	0.84	0.30	0.60	0.81
斯里兰卡	0.17	0.71	0.72	0.67	0.58	0.80
中国	0.01	0.84	0.96	0.46	0.53	0.87
智利	0.35	0.81	0.87	0.23	0.53	0.72
喀麦隆	0.25	0.73	0.48	0.80	0.56	0.76
哥伦比亚	0.16	0.60	0.25	0.48	0.31	0.49
塞浦路斯	0.05	0.58	0.01	0.13	0.02	0.23
丹麦	0.40	0.95	0.65	0.09	0.40	0.63
吉布提	0.02	0.57	0.06	0.86	0.33	0.55
多米尼加共和国	0.03	0.68	0.33	0.53	0.30	0.57
厄瓜多尔	0.31	0.54	0.22	0.56	0.38	0.48
爱尔兰	0.38	0.86	0.68	0.28	0.49	0.68

续表

国家	危害度（SSP1-2.6）	危害度（SSP5-8.5）	暴露度	脆弱度	风险系数（SSP1-2.6）	风险系数（SSP5-8.5）
爱沙尼亚	0.51	0.99	0.32	0.20	0.36	0.56
萨尔瓦多	0.09	0.53	0.15	0.43	0.21	0.40
芬兰	0.47	0.97	0.39	0.04	0.31	0.51
斐济	0.37	0.89	0.28	0.58	0.44	0.66
法国	0.29	0.79	0.19	0.15	0.20	0.40
格鲁吉亚	0.41	0.92	0.53	0.68	0.61	0.81
加纳	0.34	0.62	0.66	0.76	0.66	0.78
德国	0.15	0.93	0.56	0.03	0.24	0.56
希腊	0.04	0.61	0.49	0.42	0.33	0.56
危地马拉	0.11	0.55	0.27	0.59	0.34	0.52
几内亚	0.14	0.51	0.77	0.92	0.69	0.85
海地	0.08	0.65	0.20	0.94	0.44	0.67
洪都拉斯	0.10	0.67	0.18	0.75	0.36	0.59
克罗地亚	0.43	0.81	0.37	0.34	0.40	0.56
冰岛	0.46	0.95	0.81	0.18	0.53	0.73
印度尼西亚	0.27	0.78	1.00	0.81	0.79	1.00
印度	0.20	0.72	0.91	0.78	0.72	0.93
以色列	0.05	0.60	0.05	0.11	0.03	0.25
意大利	0.20	0.66	0.62	0.19	0.35	0.54
肯尼亚	0.23	0.75	0.14	0.70	0.37	0.59
黎巴嫩	0.13	0.56	0.08	0.32	0.15	0.33
拉脱维亚	0.93	1.00	0.35	0.35	0.61	0.64
立陶宛	0.49	0.99	0.11	0.22	0.27	0.48
利比里亚	0.24	0.56	0.38	0.87	0.55	0.68

续表

国家	危害度（SSP1-2.6）	危害度（SSP5-8.5）	暴露度	脆弱度	风险系数（SSP1-2.6）	风险系数（SSP5-8.5）
马达加斯加	0.26	0.77	0.54	0.90	0.64	0.85
摩洛哥	0.22	0.75	0.86	0.62	0.64	0.86
毛里求斯	0.29	0.84	0.16	0.33	0.26	0.49
毛里塔尼亚	0.32	0.50	0.89	0.84	0.77	0.85
马耳他	0.06	0.63	0.04	0.05	0.00	0.24
墨西哥	0.10	0.65	0.92	0.51	0.56	0.79
马来西亚	0.08	0.70	0.94	0.52	0.57	0.82
莫桑比克	0.30	0.78	0.51	0.99	0.67	0.87
瓦努阿图	0.37	0.90	0.13	0.71	0.43	0.65
荷兰	0.01	0.87	0.24	0.06	0.07	0.42
挪威	0.45	0.96	0.73	0.00	0.42	0.63
尼加拉瓜	0.12	0.62	0.29	0.72	0.40	0.61
秘鲁	0.32	0.49	0.97	0.65	0.74	0.80
巴基斯坦	0.19	0.66	0.78	0.66	0.61	0.80
巴拿马	0.19	0.59	0.46	0.47	0.39	0.56
葡萄牙	0.22	0.80	0.42	0.37	0.35	0.59
几内亚比绍	0.53	0.52	0.76	1.00	0.66	0.66
罗马尼亚	0.17	0.76	0.00	0.27	0.12	0.36
俄罗斯	0.46	0.96	0.99	0.25	0.63	0.84
南非	0.43	0.80	0.61	0.77	0.68	0.83
塞内加尔	0.25	0.52	0.75	0.91	0.72	0.83
塞拉利昂	0.14	0.53	0.63	0.96	0.65	0.81
西班牙	0.28	0.77	0.59	0.44	0.48	0.68
瑞典	0.47	0.98	0.58	0.01	0.37	0.59

2.2.2 暴露度

暴露度较高的地区集中在东亚和南亚区域（表2-2），随着捕捞量的升高，暴露度一般呈现上升的趋势，其中俄罗斯的捕捞产量最大，占第二位，但是捕捞的软体动物和甲壳类产量比重较低；印度尼西亚的暴露度风险最大，同时该国专属经济区软体动物和甲壳类的产量占总产量的比重为17.36%；另外，我国专属经济区也为高风险地区，2010—2014年其总产量为第四位，软体动物和甲壳类的产量占总产量的比重为19.28%；而加拿大捕捞量较低，为第十七位，但是捕捞甲壳类和软体动物产量的比例占到总产量的45.56%；暴露度风险为低或极低的国家或地区主要在欧洲和大洋洲。

2.2.3 脆弱度

脆弱度的分布则与危害度相反（表2-2），在中高纬度的脆弱度都是低或极低的，而在低纬度的非洲和南亚区域脆弱度会呈现中等至高等的水平，其中脆弱度最高的国家为几内亚比绍，高脆弱度区域均为国家发展程度较低的国家，而脆弱度表现为低或极低的国家目前的发展程度相对较高，可见脆弱度是一个与国家发展水平相关的量。

2.3 风险系数及其与危害度、暴露度和脆弱度关系

2.3.1 风险系数

SSP1-2.6的情景下（表2-2），只有低纬度地区和非洲为高风险的地区，共有39个国家或地区为中等风险，主要分布在亚洲、非洲和南美洲；在欧洲的绝大部分地区则呈现极低至低风险。SSP5-8.5的情景下（表2-2），风险级别普遍提升，未发现风险为极低的国家或地区，其中亚洲地区基本上都为高风险的区域，风险程度较低的地区在欧洲，表现为低至中等风险。

2.3.2 风险系数与危害度、暴露度和脆弱度的关系

暴露度和脆弱度与风险系数在两种情景下都有着显著的相关性（$P<0.05$，表2-3），而代表酸化的危害度则与风险系数的相关性不显著（$P>0.05$，表2-3），SSP5-8.5情景时危害度和风险系数的相关系数还要低于SSP1-2.6情景时的水平，表明随着海洋酸化的增强，海洋捕捞产业的风险主要受到代表暴露度和脆弱度的相应指标调控。

表2-3 风险系数与与危害度、暴露度和脆弱度的相关系数及检验结果

	SSP1-2.6风险系数	SSP5-8.5风险系数
暴露度	0.76*	0.81*
脆弱度	0.65*	0.58*
危害度	0.32	0.075

注：表中*表示置信水平0.05的相关性显著。

2.4 未来应对海洋酸化的建议

海洋酸化是除海水变暖以外最为关心的气候问题之一，从海水pH下降的情况看，即使是海洋酸化发生最缓和的SSP1-2.6情景下，全球海水表层pH在海洋中的绝大部分区域都是下降的（图2-1），这表明研究海洋酸化对海洋捕捞产业的风险情况是很有必要的。从危害度上看，SSP1-2.6和SSP5-8.5两种情景下预测的海洋酸化的空间分布上都有一个共同点，即北半球高纬度地区尤其是北极海域的海水pH下降的最多，研究表明，北极的海洋酸化不仅受到人类不断排放二氧化碳量增加的影响，全球海水变暖（Biastoch et al., 2011）及其导致的海冰融化（Wynn et al., 2016；Yamamoto et al., 2012）同样也加剧了北极区域的海洋酸化过程，同时，北极的海洋酸化还受到海水中生物过程的控制（Bates et al., 2013）。因此在危害度上看，北半球高纬度区域在最缓和的SSP1-2.6情景下就出现了风险度极高的国家（如毛里塔尼亚），而在SSP5-8.5的情景下，几乎北半球50°N以北的国家或地区都显现出

高风险，同样在南半球30°S以南的国家或地区受到的危害度风险也是极高的（表2-2）。

海洋酸化不仅会对海洋捕捞产业产生影响，同样还会影响到生态系统的功能和服务，例如珊瑚礁海洋生态系统在海洋酸化下容易受到危害，同时也会改变生态系统的结构降低物种多样性减少海洋生态系统的稳定性（Rodrigues et al., 2013），这种对海洋生物的整体生态系统的影响同样也会间接影响到渔业系统，这是本研究的风险评价模型没有包括的内容，在后续研究中应该加以补充。还需指出的是，由于海洋酸化对中高纬度国家或地区有着较高的危害度，因此即使最终得到中高纬度国家或地区的风险程度普遍为低至中等，相关国家也应对未来海洋酸化直接或间接给有关海洋捕捞产业（由其是软体动物和甲壳类捕捞）带来的影响予以重视。对比于海水pH分布我们发现，中高纬度的国家或地区的专属经济区在SSP5-8.5情景下都下降了0.1以上（图2-1和表2-2）；中低风险的地区主要出现在热带区域和亚热带附近，例如非洲中部和拉丁美洲地区，在SSP1-2.6情景时专属经济区的海水pH最多下降了0.05，呈现极低风险（图2-1和表2-2），在SSP5-8.5情景时，则下降了0.05～0.075，呈现低等风险，下降了0.075～0.1呈现中等风险（图2-2和表2-2），根据这样的对比我们可以给出海水pH下降数值及所对应的危害度：0.05以下：极低风险；0.05～0.075：低风险；0.075～0.1：中等风险；0.1以上：高风险。

暴露度分别由沿海国在专属经济区捕捞的总产量和甲壳类和软体动物产量占比所控制。因此可以将暴露度较高的国家或地区分成两种不同的类型：第一种，捕捞量较大但是捕捞甲壳类和软体动物产量占比不高，例如秘鲁，其2010—2014年年平均产量为7 085 635 t，但是捕捞软体动物和甲壳类只占了总捕捞了的1.58%，秘鲁沿岸主要盛产秘鲁鳀（*Engraulis ringens*）和远东拟沙丁鱼（*Saedinops sagax*）等鱼类，其中秘鲁鳀的产量占到了世界单鱼种产量的第一位（陈芃，2017），鱼类等其他渔业资源虽然被认为相比于贝类和甲壳类对海洋酸化有更好的适应能力（Melzner et al., 2009），但是也有研究发现海洋酸化在鱼类幼体时期造成的不利影响（刘洪军等，2012），因此研究和Mathis等（2015）和Heinrich和Krause（2017）的办法一致，将其他渔获也乘以系数1，后续研究可以在更加了解海洋酸化对物种影响的基础上对于特定的渔获种类乘以相应的系数；第二种，捕捞量不高，但是捕捞甲壳类和软体动物产量占比高，例如加拿大，在所研究的81个国家或地区中捕捞量排第十七位，但是捕捞甲壳类和软体动物产量的比例占到总产量的45.56%，经统计，在暴露度为高的国家和地区共有60%的国家或地区捕捞软体动物和甲壳类产量占比高于10%，相关国家应考虑未来对捕捞结构进行相关调整。在暴露度的空间分布上，研究发现（表2−2）东亚和南亚地区的暴露度风险都为高，其中暴露度为1的国家为印度尼西亚，而在欧洲地区没有高风险的国家，法国、罗马尼亚等国家为极低风险，这些国家虽然在捕捞软体动物和甲壳类的占比有高有低，但是总产量都相对较低。

脆弱度则明显与国家的发展程度相关。在欧洲和北美洲的发达国家，脆弱度基本为低或极低；但是在非洲及南亚、中亚地区，脆弱度则表现出中高风险（表2−2），统计中高脆弱度的国家或地区相应的经济敏感性、社会敏感性和适应性：其平均值分别为0.65±0.28、0.37±0.25和0.34±0.25；统计低或极低脆弱度国家或地区相应的这三个值：其平均值分别为0.36±0.22、0.37±0.21和0.65±0.21。t检验表明，社会敏感性在中高脆弱度国家或地区和低或极低脆弱度国家或地区之间没有显著差异（$P>0.05$），但是经济敏感性和适应性则有显著的差异（$P<0.05$），经济敏感性表明了国家经济对渔业的依赖程度；而适应性则是社会对渔业产业的适应能力，这就表明后续应对海洋酸化上应着重于这两个方面。

在SSP1-2.6的情景下，已经有不少国家表现为中高风险（表2−2），其中印度尼西亚和毛里塔尼亚已经是高风险，这两个国家在暴露度和脆弱度上都表现为高等级；相反在危害度为高的拉脱维亚只为中等风险，另外欧洲其他地区也只表现为极低或低风险；而当SSP5-8.5情景时，欧洲国家同样普遍为中低风险（表2−2），这显示了这些国家较低暴露度和低脆弱度的作用。对SSP5-8.5情景下的中高风险的地区分类，可以分成以下三种类型：第一，高暴露度、高脆弱度和中高危害度的地区：如印度尼西亚和非洲地区；第二，中低暴露度、低脆弱度但是高危害度的地区：欧洲国家和大洋洲国家；第三，高暴露度、高危害度但是低脆弱度的地区：加拿大、俄罗斯和中国，在第三种类型中，根据前面的分析，加拿大主要来源于软体动物和甲壳类产量占总产量的比重较大；中国产量占世界的第四位、软体动物和甲壳类产量占比为19.28%，而俄罗斯的占比较低（3.46%），但是产量占世界第一位。将两个情景的结果进行结合，按照暴露度和脆弱度的特征进行分类，还可以得到如下结论：在未来的海洋酸化发展下，发展水平较高的低脆弱度的国家和地区可能会受到极低至中等的风险；发展水平较低的高脆弱度的国家和地区可能会受到中等至高等风险；捕捞量较大及产量结构中含有较高的软体动物和甲壳类的高暴露度的国家和地区会受到中等至高等风险。不同的国家应该依据各国不同的渔业特征而制定自己的应对策略。但是从相关分析中（表2–3），我们发现，两种情景下危害度都与风险系数没有显著的相关性（$P>0.05$），但是暴露度和脆弱度却和风险系数存在显著的相关性（$P<0.05$），结合前面的分析这就启示海洋酸化下的捕捞产业的潜在风险主要来源于捕捞结构、经济因素以及渔业产业对产业结构和产能变化时的适应能力。

根据上述研究结果，我们对渔业未来应对海洋酸化提出以下建议：（1）加强科学研究。科学研究不仅包括单鱼种方面的研究还包括了多物种生态系统层面上的研究，以了解在海洋酸化下哪些种类容易受到影响，从而能够知道渔业捕捞上该如何调整捕捞结构（捕捞努力量或捕捞死亡系数）以在一定的目标下降低对海洋酸化的暴露度；（2）经济层面上，减少对捕捞甲壳类和软体动物类产品的依赖性，转而发展相应的水产养殖业；（3）社会层面及适应性上，发展国家整体的经济，加强教育，提升就业率及就业的可选择性；（4）对海洋酸化的动态持续监测，监测的重点除了包括海水酸化参数（如pH）的变化上同时也包括了物种的反应上，以及时地调整适宜的策略。研究对海洋酸化下的全球各国专属经济区捕捞业受到海洋酸化的风险建立了相应的风险评价模型并进行了风险研究，结果可为后续各国渔业在应对气候变化的措施上提供相应的支持。

第3章　海洋酸化对东白令海大陆架水域渔业资源的影响

白令海位于亚北极，为半封闭海，在东部从阿留申群岛至白令海峡间有着约为485 200 km^2的宽阔大陆架，西部为海盆（Askren，1972）。其中，大陆架区域海水营养盐丰富，是世界生产力最高的区域之一（Grebmeier et al., 2006；Lomas et al., 2012），海域存在较为丰富的渔业资源（Livingston和Jurado-Molina，2000；Otto，1981），例如阿拉斯加狭鳕（*Gadus chalcogrammus*）为世界单鱼种产量最高的渔获种类之一，在东白令海大陆架区域，现年平均产量维持在90万t左右（图3-1）。

根据第2章的分析，全球海洋酸化的空间分布趋势为从低纬度至高纬度逐渐加剧，其中，北极区域最早且最容易发生酸化现象，而东白令海大陆架水域位于亚北极区域南部，海洋酸化对渔业产业的危害度高；根据对该区域的海洋酸化风险评价结果，渔业产业受到海洋酸化的风险程度为低至中等。可以看到，相对于其他地区，由于渔业产业较低的脆弱度，东白令海的渔业产业受到海洋酸化的风险程度为低至中等，但是从自然科学层面上看，严重的海洋酸化（危害度较高）将会对海域的渔业资源造成很大的影响。同时，根据第1章的分析，目前海洋酸化对渔业资源的影响研究还处于以实验为主的初步阶段，种群和生态系统层面的研究缺乏，为了资源的保护和合理利用，有必要从这两个层面揭示海洋酸化对渔业资源的影响。因此，第3和第4章选取东白令海大陆架区域渔业资源作为后续的分析对象，分别以种群和生态系统两个层面对上述问题进行分析，研究可为海洋酸化下资源的合理开发和保护提供基础，并为学者后续研究其他区域提供技术框架。

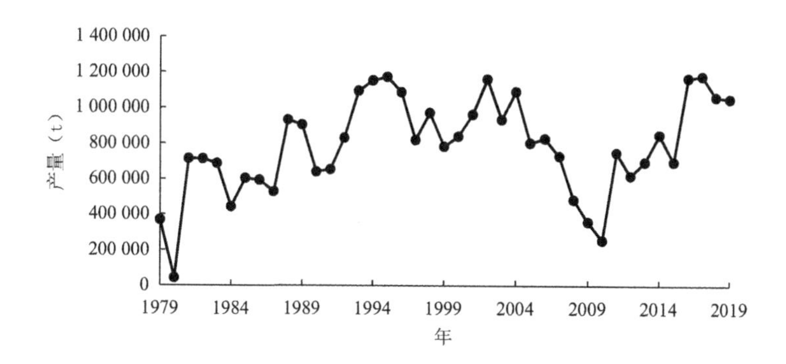

图3-1　东白令海大陆架区域阿拉斯加狭鳕年产量（数据来源：阿拉斯加狭鳕资源评估报告，阿拉斯加渔业科学中心网站，https://www.fisheries.noaa.gov/alaska/commercial-fishing/alaska-groundfish-bottom-trawl-survey-data）

3.1　东白令海大陆架水域海洋酸化时空变动及影响因素研究

海洋酸化的成因主要来源于人类二氧化碳排放的逐年增加（Feely et al., 2009），也会受到海洋动力学因素（Duarte et al., 2013；Bellerby，2017）和生物因素（Cai et al., 2011）的控制。海洋酸化会对海洋生物甚至海洋生态系统产生不利的影响进而影响人类对海洋的可持续开发和利用（叶央芳等，2020；张海波等，2019；Kaplan et al., 2013；Marshall et al., 2017）。了解海洋酸化的时空变动趋势是探究海洋酸化对海洋生物及生态系统影响机制的前提，不少研究结合模型和观测数据在不同尺度对海洋酸化的动态进行了研究（Caldeira和Wickett，2003，2005；Feely et al., 2009；Lauvset和Gruber，2014；Midorikawa et al., 2010），例如，Caldeira和Wickett（2003）发现，21世纪初全球海水pH比工业革命前下降了0.1个单位；高纬度区域的海洋酸化情况要比中低纬度更为严重（Feely et al., 2009；Qi et al., 2017；Yamamoto-Kawai et al., 2013）：以文石饱和度（aragonite saturation，Ω_{ar}）小于1为标准，预测在2050年整个北冰洋区域的海水都将发生酸化现象；Yamamoto-Kawai等（2009）对2007—2008年北美洲北极沿岸区域的海水观测资料分析中就已经发现了酸化海水（Ω_{ar}<1）的存在；Qi等（2017）发现1994—2010年间，70°N以北中上层海水（0～250m）的酸化区域（Ω_{ar}<1）增加了5%～31%，预计到本世纪中叶整个水层的海水都将发生酸化。

不少研究对东白令海海洋酸化的时空动态和影响因素进行了分析，例如Mathis等（2011）通过2009年的观测资料分析发现，9月底层海水会发生酸化现象（Ω_{ar}<1），这主要来源于季节转换海水浮游植物吸收二氧化碳能力变弱；此外，对2008年海水碳化学参数的时空分布进行分析发现（Mathis et al., 2011），春季，中部和北部陆架区域整体Ω_{ar}值低于夏季，且已发生了酸化现象。

现有的研究主要基于单次或多次海洋观测资料进行分析，海洋酸化作为长时间尺度的气候现象，对海域历史海洋酸化时空变动及其影响因素的分析能为学者进行模型预测、应对等方面的研究提供基础信息。为此，研究以东白令海大陆架区域表层海水为研究对象，以Ω_{ar}变动作为海洋酸化的指标，首先基于1997—2014年观测到的海水二氧化碳有效压力（fugacity of carbon dioxide，fCO_2）、温度和盐度数据等计算出海水的Ω_{ar}值，并建立基于时空因子（年月和经纬度）、海表面温度（sea surface temperature，SST）、海表面盐度（sea surface salinity，SSS）和叶绿素a浓度（chlorophyll-a，Chl-a）数据的海水Ω_{ar}拟合模型，分析1997—2014年海水Ω_{ar}的时空变动规律及影响因素，研究结果可为进一步研究海洋酸化趋势及其对海洋生物和海洋生态系统的影响提供参考。

3.1.1 研究数据与研究方法

（1）数据类型及其来源

fCO_2数据来源于Surface Ocean CO_2 Atlas (SOCAT，https://www.socat.info/)，为对全球表层海水的fCO_2观测数据，包含了观测的位置、时间以及相应的SST和SSS。Chl-a来源于美国普利茅斯海洋实验室（Plymouth Marine Laboratory）的Oceancolour（版本4.2，https://www.oceancolour.org/），该数

据融合了MERIS、Aqua-MODIS、SeaWiFS和VIIRS四种观测数据，时间分辨率为月，空间分辨率为4km × 4km。SST数据来自美国国家环境信息中心（National Centers for Environmental Information，NCEI；下载自https://data.nodc.noaa.gov/），时间分辨率为月，空间分辨率为4km × 4km；SSS数据来自FVCOM-Global模型再分析得到的全球盐度数据的各年月平均资料，其在空间上为非结构网格，数据来源自Chen等（2016）。磷酸盐浓度和硅酸盐浓度为气候平均态的数据，来自国际海洋分析计划（Global Ocean Data Analysis Project；下载自https://www.glodap.info/index.php/merged-and-adjusted-data-product/），时间分辨率为月，空间分辨率为1° × 1°。

（2）数据预处理

将SOCAT的数据按照东白令海大陆架的范围（约54°～62°N，160°～180°W范围内200 m以浅海域）进行提取，并对相同时间和位置的观测数据与Chl-a、磷酸盐浓度和硅酸盐浓度数据进行匹配。由于Chl-a存在较多的缺失情况，最终得到数据的时间范围为1997年9月至2014年11月，月份包含了2—11月份。

根据Lee等（2006）提出的公式，基于SST和SSS计算总碱度（Total alkalinity，TA），将SST、SSS、TA、fCO_2、磷酸盐浓度和硅酸盐浓度放入CO2SYS程序（Van Heuven et al., 2011）中计算出Ω_{ar}，相关参数选自Dickson等（2007）和Millero等（2006）。

（3）Ω_{ar}拟合模型构建及其时空变动研究

1）Ω_{ar}拟合模型的构建

由于数据为观测数据，不同时间观测的位置不同，无法获得所有时间内整个区域的Ω_{ar}数据，因此首先利用已有的观测数据构建基于海洋环境数据和时空因子的Ω_{ar}拟合模型。目前已有不少研究利用海洋环境数据建立了其与海水碳化学参数的关系式：例如，Nakano和Watanabe（2005）对北太平洋的数据分析发现，采用SST和Chl-a能够较好地拟合出表层pH；Friedrich

和Oschlies（2009）基于SSS和Chl-a模拟了北海pCO_2的变动；Sarma等（2006）基于SST、SSS和Chl-a对北太平洋的pCO_2进行了模拟。这些研究的原理为：海水碳化学参数的变动主要来源于人类排放二氧化碳量、生物因素和海水动力学因素等的变动（Duarte et al., 2013；Bellerby, 2017；Cai et al., 2011），选取SST、SSS和Chl-a等海洋环境数据可以在一定程度上反映这些因素对海洋的作用（Land et al., 2015），同时温度参数的变动还会直接导致海水碳酸盐平衡体系的改变（Van Heuven et al., 2011）。考虑到Ω_{ar}数据与pH和pCO_2的变动具有较为一致的趋势（Feely et al., 2009；Lee et al., 2006），因此使用SST、SSS和Chl-a这3个环境因素对Ω_{ar}进行拟合，同时模型还增加了时空因子（年月、经度和纬度），以分析Ω_{ar}时空分布的差异。

研究使用的拟合模型为广义可加模型（generalized additive model，GAM），它可以用来表征自变量和因变量之间复杂的非线性关系（Guisan et al., 2002），公式如下：

$$\Omega_{ar} = factor\,(\text{year}) + factor\,(\text{month}) + s\,(\text{latitude}) + s\,(\text{lonitude}) + s\,(\text{SST}) + s\,(\text{Chl} - \text{a}) + \varepsilon$$

式中，s为薄板样条平滑，ε为误差项，$\varepsilon=\sigma^2$且$E(\varepsilon)=0$，$factor$表示年月为因子变量。模型的误差分布假设为高斯分布。

同时，为了分析不同因子对Ω_{ar}的影响，拟采用将模型的各项因子分别去除及单独加入某个因子重新建立模型。通过比较解释偏差和均方误差（mean square error，*MSE*）来确定不同因子对Ω_{ar}的重要性。

2）海洋酸化时空变动的模拟分析

将海域内各年的环境和时空因子带入模型，模拟整个区域内1998—2014年2—12月间空间上各点Ω_{ar}值。空间上，将研究的时间划分为两个时期：1998—2004年和2005—2014年，比较这两个时期海域各点平均Ω_{ar}的变化；同时以$\Omega_{ar}<1$作为发生酸化的指标（Feely et al., 2009），统计1998—2014年间空间上各点发生酸化的月份数，以此分析酸化的空间变动趋势；时间上，

以海域各月所有点Ω_{ar}平均值为指标，分析1998—2014年Ω_{ar}在时间上的变动趋势。其中，由于Chl-a数据的缺失，研究对缺失的点进行插值处理，插值后，如果单月有值格网数占全场的80%以上时认为该值有效，否则将当月数据剔除。

3.1.2 Ω_{ar}拟合模型建立及因子分析

模型分析认为，加入所有因素后，模型对Ω_{ar}的拟合效果最好，模型能解释所有样本Ω_{ar}值74.3%的变动，*MSE*为0.047（表3-1），对Ω_{ar}的拟合效果见图3-2。

表3-1 各Ω_{ar}拟合模型比较

模型	解释偏差	均方误差（*MSE*）
加入所有因子	74.3%	0.047
去除年	73.3%	0.049
去除月	63.1%	0.068
去除经纬度	68.9%	0.058
去除SST	71.3%	0.053
去除SSS	71.0%	0.054
去除Chl-a	73.2%	0.050
只包含年	6.36%	0.174
只包含月	53.2%	0.096
只包含经纬度	37.5%	0.116
只包含SST	30.3%	0.129
只包含SSS	13.7%	0.161
只包含Chl-a	1.1%	0.184

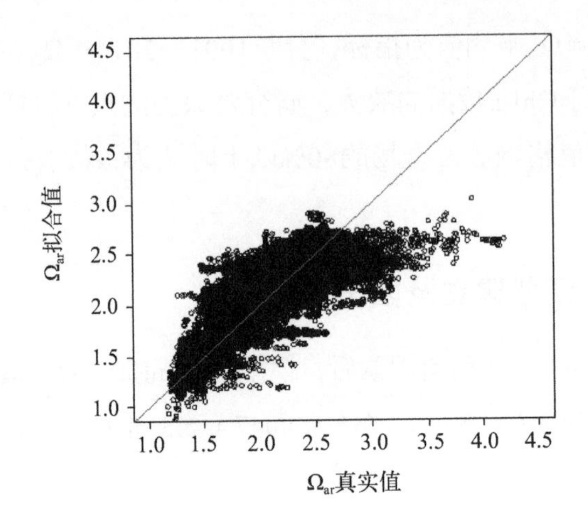

图3-2 最优模型拟合的Ω_{ar}值与真实值的比较

对于去除其他因子的模型：去除月因子的模型效果最差，模型能够解释所有样本Ω_{ar}值63.8%的变动，*MSE*上升至0.068；其次是去除经纬度的模型，解释偏差降低了5.4%，*MSE*为0.058；去除SST、SSS或Chl-a，模型的效果都会变低，但是从解释偏差和*MSE*的变化上看，其与包含所有因素的模型差距不大；去除年因子的模型效果与加入所有因子的模型差距最小，解释偏差只降低了1%，*MSE*为0.049（表3-1）。环境因子上，最优的模型为只包含SST模型，解释偏差为30.3%，*MSE*为0.129，其次为SSS，另外带入Chl-a模型在所有只包含单个因子的模型中精度是最差的，解释偏差为1.1%，*MSE*为0.184（表3-1）。分析表明，季节性因素（月）和空间因素对Ω_{ar}变动的影响是最大的，环境因子中，SST最为重要。

对包含所有因子模型给出的环境因子对Ω_{ar}的影响进行解释，模型表明，3个因子对Ω_{ar}的变动是显著的（$P<0.001$）。SST对Ω_{ar}的影响呈现总体增加的趋势，但是3～5℃时Ω_{ar}随着SST的增加而下降（图3-3a）；SSS对Ω_{ar}的影响呈现抛物线形式的关系，SSS在31.5以下时，Ω_{ar}随着SSS的增加而增加，31.5以后Ω_{ar}随着SSS的增加而减少（图3-3b）；Chl-a对Ω_{ar}的影响呈现总体增加的趋势，且在4 mg/m^{3}以后影响程度逐渐增加（图3-3c）。

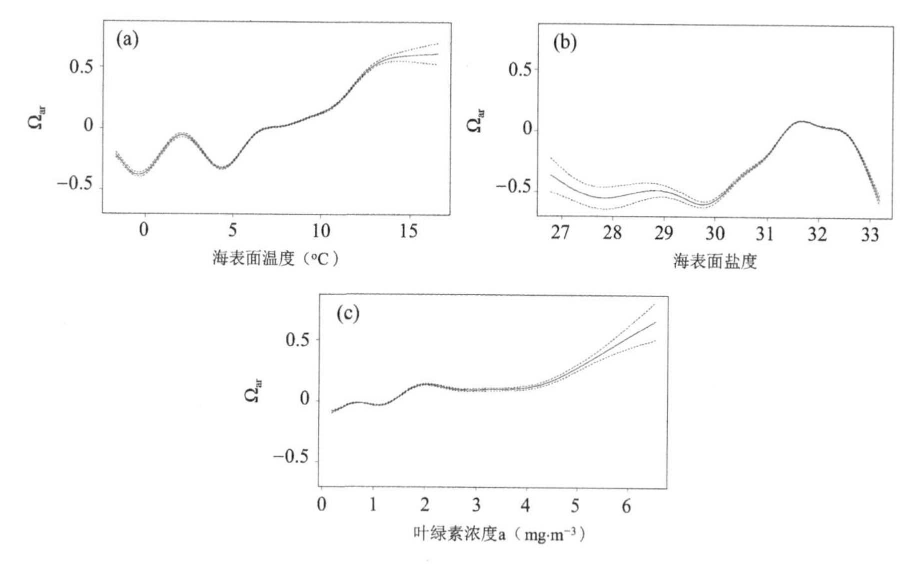

图3-3　各环境因子对Ω_{ar}的影响

3.1.3　海洋酸化的时空变动

将拟合的Ω_{ar}数据进行插值处理后，发现在1998—2014年（除2005年、2008年和2012年）3—10月份得到数据的网格数占到总体的80%以上，因此将这些数据进行海洋酸化的时空变动分析。

（1）时间变动

根据回归分析和检验，1998—2014年东白令海大陆架海域Ω_{ar}值的年下降速率为0.003 7个单位，这个数值与0均不存在显著的差异（$P>0.05$），Ω_{ar}值的变化随年份呈现波动（图3-4），平均Ω_{ar}值最高的年份发生在2009年，最低的年份发生在2013年。月份上，3—10月间，Ω_{ar}值的变动趋势为先上升随后下降，其中3—4月的Ω_{ar}值保持在年内较低水平，4月Ω_{ar}值最小，5月激增至一年的最大值，随后下降（图3-5）；对发生酸化（Ω_{ar}）的月份进行对比发现（图3-6），1998—2014年间的3月、4月、6月、9月和10月海域发生了酸化，其中4月发生酸化的年份数较高，共有14个年份发生了酸化，其次是5月（13个年份）和10月（12个年份），6月和9月发生酸化的年份数少。

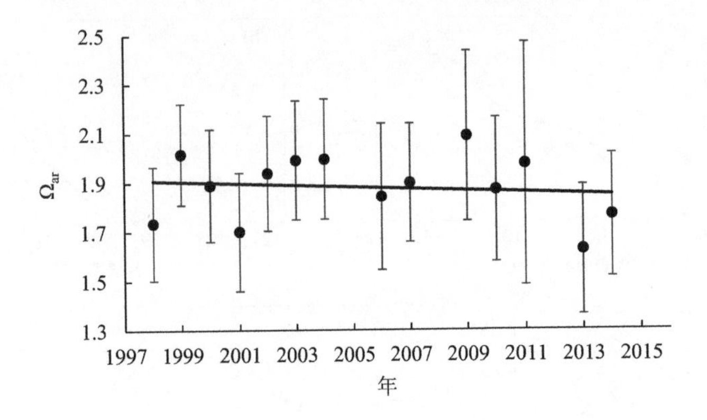

图3-4 1998—2014年东白令海大陆架海域Ω_{ar}变动情况

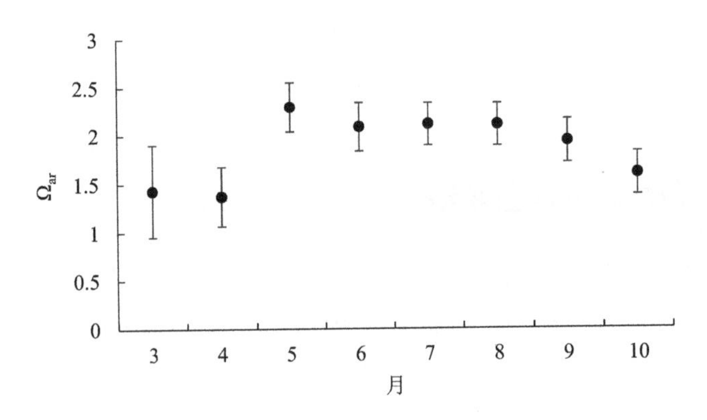

图3-5 1998—2014年东白令海大陆架海域Ω_{ar}月间变动情况（平均值±标准差）

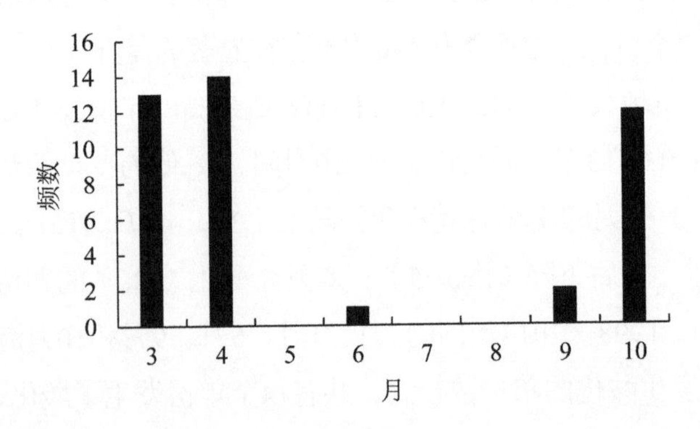

图3-6 1998—2014年东白令海大陆架各月发生酸化（Ω_{ar}<1）的频数（年份数）

因此，1998—2014年间（除冬季外）白令海大陆架海域海洋酸化时间变动趋势为：Ω_{ar}值在年份上总体呈现波动趋势，未观测到随年份显著的下降趋势；Ω_{ar}值在月份上的变动趋势为先上升随后下降，3—4月和10月容易发生酸化现象。

（2）空间变动

比较2006—2014年与1998—2004年海域各点平均Ω_{ar}的差异，以Ω_{ar}值下降大于0.05个单位的区域代表海洋酸化较为严重的区域（表3-2）。结果发现，近岸区域酸化程度严重，尤其是58°—62°N的近岸区域平均Ω_{ar}值下降大于0.3个单位；由近岸向外海，中部区域Ω_{ar}值下降较少尤其是167°W、59°N西北部的一块区域（小于0.05个单位）；外海区域179°W、61°N和167°W、57.5°N附近海域下降较大（大于0.15个单位）。统计空间上各点发生酸化的月份数，结果发现，在58°—62°N的近岸区域最容易发生酸化情况，其中在164°W、60°N附近的发生酸化的月份数超过了20个，另外在175°W、59°N附近也有较多的月份（8～12个）发生了酸化，其他位置发生酸化的次数较少（表3-3）。

表3-2　2006—2014年与1998—2004年东白令海大陆架海域海水平均Ω_{ar}差值

	54.5°N	55.5°N	56.5°N	57.5°N	58.5°N	59.5°N	60.5°N	61.5°N
159.5°W				−0.03	−0.18			
160.5°W			−0.05	−0.02	−0.12			
161.5°W			−0.07	0.01	0.01			
162.5°W			−0.06	−0.07	0.02			
163.5°W		0.09	−0.05	−0.13	−0.08	−0.30		
164.5°W		0.07	−0.03	−0.12	−0.06	−0.16		
165.5°W		0.06	−0.05	−0.13	−0.12	−0.06	−0.20	
166.5°W	−0.06	0.11	−0.05	−0.17	−0.11	0.00	−0.09	−0.08
167.5°W	−0.04	0.11	−0.08	−0.16	−0.12	0.11	0.02	−0.08

续表

	54.5°N	55.5°N	56.5°N	57.5°N	58.5°N	59.5°N	60.5°N	61.5°N
168.5°W			−0.02	−0.12	−0.06	0.08	0.10	0.03
169.5°W			0.06	−0.07	−0.10	−0.02	0.23	−0.02
170.5°W			0.09	−0.02	−0.09	−0.11	0.00	−0.01
171.5°W				0.03	−0.03	−0.14	−0.08	0.17
172.5°W				0.01	0.02	−0.12	−0.11	0.05
173.5°W				−0.02	0.03	−0.08	−0.14	−0.11
174.5°W					−0.01	−0.07	−0.13	−0.12
175.5°W					−0.02	−0.01	−0.11	−0.09
176.5°W						0.02	−0.05	−0.07
177.5°W						−0.03	0.14	−0.16
178.5°W						−0.04	−0.09	−0.20

表3-3 1998—2014年东白令海大陆架海域空间上各点发生酸化（Ω_{ar}<1）的频次（月份数）

	54.5°N	55.5°N	56.5°N	57.5°N	58.5°N	59.5°N	60.5°N	61.5°N
159.5°W				0	41			
160.5°W			0	1	30			
161.5°W			2	1	8			
162.5°W			1	0	8			
163.5°W		3	1	1	2	26		
164.5°W		2	0	1	2	35		
165.5°W		3	0	1	2	24	21	
166.5°W	9	3	0	2	1	6	5	15
167.5°W	8	6	0	2	1	3	1	7
168.5°W			0	2	1	0	1	1

续表

	54.5°N	55.5°N	56.5°N	57.5°N	58.5°N	59.5°N	60.5°N	61.5°N
169.5°W			0	2	2	0	0	0
170.5°W			0	1	5	1	0	0
171.5°W				0	7	1	0	0
172.5°W				0	10	1	0	0
173.5°W				1	13	4	1	0
174.5°W					23	10	1	0
175.5°W					17	12	1	0
176.5°W						10	1	0
177.5°W						7	1	0
178.5°W						3	5	0

因此，空间上东白令海大陆架水域海洋酸化的程度由近岸向外海先减少后增加，近岸区域比外海区域更容易发生酸化，表现出明显的空间的差异。

3.1.4 东白令海大陆架表层水酸化有关问题的探讨

（1）模型拟合效果分析

研究通过GAM模型对东白令海大陆架区域的Ω_{ar}值进行拟合，拟合结果发现，模型能解释所有样本Ω_{ar}值74.3%的变动，拟合效果较好（表3-1和图3-3）。但是对于Ω_{ar}真实值较大时其拟合值偏低（图3-2），通过对相关数据进行分析该部分数据主要为5—6月的Ω_{ar}值，这可能来源于GAM模型得到的Ω_{ar}对各因子的响应为一种平均状态，通过后续分析得知（表3-1），月份对Ω_{ar}值的影响最大，而模型得到在5—6月间有Ω_{ar}的最大值，而实际上各年发生Ω_{ar}最大值的月份是不同的，按照月份的平均态进行拟合可能导致了拟合结果的偏差，研究为了后续比较年月间的差异，因此未有按年份进行模型的拟合和比较，后续应用中建议可以按年份分别建立模型进行分析。

（2）东白令海大陆架表层水酸化时间趋势分析

Ω_{ar}值随年份呈现波动，对Ω_{ar}值的年下降速率进行分析，回归分析和检验表明，其值与不存在显著性差异（$P>0.05$，图3-4）。这包含了以下两点原因：第一，海洋酸化是一种长期的气候变化现象，研究模拟的海洋酸化年份仅为16年，较短的时间序列可能不足以观测到明显的海洋酸化年间变化，后续应该增加更长的时间序列数据进行分析；第二，东白令海大陆架海域海洋酸化的季节性变动要大于年间变动，季节性变动的年间差异影响到了各年Ω_{ar}值整体的高低，这首先可以从GAM模型的结果看出（表3-1）：在去除月份因子后模型的精度迅速下降，只包含月份因子的模型相对于其他模型精度最高；而年因子对模型的影响较小，去除年份后模型的解释偏差只下降了1%，只包含年份的模型解释偏差为6.36%；对模拟结果进行分析，对模拟年份平均Ω_{ar}值求标准差为0.129，但是对相同月份各年的Ω_{ar}值求标准差其数值范围在0.22～0.47（图3-5中误差线值），这些结果表明Ω_{ar}值季节性差异大于年间差异。对白令海pH变动时间特性的研究同样也发现了相同结果，例如Fietzke等（2015）利用白令海一种寿命长达百年的红藻（*Clathromorphum nereostratum*）体内硼元素的稳定同位素值推算了白令海海水pH值并研究其年间和季节性差异，发现在20世纪60—90年代海水pH的年下降速率为0.001 9±0.000 9个单位，而pH的季节性变化可以达到0.22个单位。研究表明，沿岸区域海洋酸化参数季节性变动存在年间差异的原因主要与不同季节发生的环境事件动态相关，例如海冰的动态、河流淡水输入、是否发生赤潮等（Duarte et al., 2013；Bellerby, 2017；Cai et al., 2011），同样研究发现东白令海Ω_{ar}值3—10月内的变动趋势为先上升后下降的现象（图3-5），这也可以用各季节发生不同的环境事件来解释：3—4月Ω_{ar}值较低，且4月比3月略有下降，春季白令海大陆架海水pCO_2过饱合，为碳汇区域（孙恒和高众勇，2018），但是海冰还没有完全融化，海冰的覆盖阻止了底部高二氧化碳海水与大气的海气交换（Bates et al., 2011；Mathis et al., 2011），同时，海冰开始融化，低Ω_{ar}值的淡水的输入使海水Ω_{ar}值在4月进一步下降（Yamamoto-Kawai et al., 2009；Mathis et al., 2011）；5月，海水温度上升和海冰完全融化导致海水向大气汇入二氧化碳能力增强，并且浮游植物生物量爆发，光合作用极大地消耗了海水中的二氧化碳，因此Ω_{ar}值激增至一年中的最高值（Bates et al., 2011；Mathis et al., 2011）；6月，海域降水增加且沿岸河水输入量增大带来了低Ω_{ar}值的淡水，因此6月Ω_{ar}值下降（Salisbury et al., 2008）；9月以后，海水温度降低，海冰开始形成，浮游植物光合作用减弱，增加了海水中的二氧化碳（Mathis et al., 2011），Ω_{ar}值进一步下降。可以看到，影响东白令海大陆架海域季节性Ω_{ar}值变动包括了海冰动态、河流淡水汇入、生物因素等。相关研究对这些因素的观测发现了明显的年间差异，例如观测发现（Brown和Arrigo，2013），1997—2010年间东白令海大陆架海域海冰开始融化的时间为2—4月内，浮游植物生物量爆发的时间可在4—6月内，爆发时期内的海水SST为−0.2～5.2℃，各年间存在较大的差异，因此，季节性环境事件动态的年间差异是导致模拟结果中海水Ω_{ar}值在年间存在波动的一个重要因素。

（3）东白令海大陆架表层水酸化空间趋势

虽然研究发现东白令海大陆架海域Ω_{ar}值在年间没有显著性的下降，但研究发现2006—2014年与1998—2004年相比，海域平均Ω_{ar}值下降大于0.05个单位的区域占到了整体的56.98%（表3-2），而该区域的分布存在着明显的空间差异（主要分布在近岸），另外通过GAM模型结果也发现空间因子对Ω_{ar}值的变动也有重要的影响（表3-1），即Ω_{ar}值在空间上的变动有着明显的差异。空间差异来源于不同地点环境的差异：近岸区域Ω_{ar}值下降最大，且最易发生酸化的情况，其中在164°W、60°N附近的发生酸化的月份数超过了20个（表3-3），这块区域的近岸存在着卡斯科奎姆河（Kuskokwim River）淡水的流入。Mathis等（2011）对2008年春夏季该处的海水分析发现从表层至底层都发生了酸化现象，海水的Ω_{ar}值受到海水钙离子和碳酸根离子含量的控制，在参数K_{sp}不变的情形下，两个离子含量越高，Ω_{ar}值越高，而淡水的输入会使得海水的溶解平衡体系发生改变，碳酸根离子结合水分子转变为碳酸氢根离子时会向海水中输入氢离子，使得海水Ω_{ar}值降低

（Chierici et al., 2009；Feely et al., 2009）。由近岸至外海，中部海域的Ω_{ar}值变化较小，尤其是在北部区域，Ω_{ar}值下降小于0.05个单位，且发生酸化的月份数较小；而在外海，在179°W、61°N和167°W、57.5°N附近的海域附近Ω_{ar}值下降程度较大，且在175°W、57°N附近的海域发生酸化的月份数较多（表3-3），这与两个区域的环境特征有关。根据Pilcher等（2019）的模型结果，中部区域水体稳定，不容易受到河流淡水输入的影响，且浮游植物光合作用能力高，因此受到海洋酸化的影响较小，而大陆架外部海域为吸收二氧化碳碳源水域，受到了大气二氧化碳含量即人类二氧化碳排放量逐年增加的影响，Ω_{ar}值较内部海水低，年平均为1.5，而沿着大陆架存在着由北向南的白令海大陆坡流（Bering slope current），该海流的一部分分支会在中部和北部附近流入大陆架区域（Hu和Wang， 2010；Chen和Gao，2007），将低Ω_{ar}值的海水带入与内部海水发生混合，因此Ω_{ar}值下降程度大，当外海海水Ω_{ar}值为不饱和时，可能会造成酸化现象。另外，需要说明的是，本研究利用GAM得到的酸化分布情况是基于所有月份的一个平均情况，不同月份酸化的空间情况可能有所不同，这有待后续进一步的研究。

（4）东白令海大陆架表层水酸化影响因素分析

除了前述时空因素以外，GAM模型使用了SST、SSS和chl-a对Ω_{ar}值进行拟合，结果表明三个环境因子可以在一定程度上作为海洋环境变化的表征。环境因子中，SST对Ω_{ar}最为重要，仅包含SST的模型对的偏差解释率为37.5%，未包含SST的模型偏差下降了3%，研究表明（Wang et al., 2009），温度能够通过两种方式调控Ω_{ar}的大小，第一，对计算公式中K_1和K_2的调整，但是这种变动是很小的，Xu等（2018）将观测位置的温度（4.3℃）校正为25℃，Ω_{ar}值随温度的增加率仅为0.01℃；第二，温度还能够改变二氧化碳在海水中的溶解度，当温度升高时候，二氧化碳在海水中的含量减少，因此，SST对Ω_{ar}的影响呈现总体上升的趋势（图3-3a）。但是研究暂时无法解释3～5℃时Ω_{ar}随着SST的增加而下降的现象，可能来源于该范围内的SST代表了其他海洋环境的变化，这有待于后续研究进一步的探究。SSS对Ω_{ar}存在影响，仅包含SST的模型对的偏差解释率为13.7%，Ω_{ar}相对于SSS的增加存在先上升后下降的趋势（图3-3b），SSS较低代表海水的淡水量较高，可能代表了海冰融化和河流淡水输入量增加的影响（Mathis et al., 2011）；Chl-a代表了海域的生物特征，Ω_{ar}随着Chl-a增加呈现增大的趋势（图3-3c），Chl-a因子在模型中是显著的，但是在加入或者去除Chl-a的结果上看，其作用是最低的，Mathis等（2011）的研究认为该区域春夏季浮游生物生产力的爆发是引起海域pH和Ω_{ar}激增的主要原因，其作用较低可能表示Chl-a并不是代表在影响酸化过程中海域生物特征的一个较好因子，后续研究可以加入其他因子进行分析。

3.1.5　小结

东白令海大陆架水域有着丰富的渔业资源（Livingston 和 Jurado-Molina，2000；Otto，1981），已有研究发现海域中的酸化情况可能会对其中红帝王蟹（Punt et al., 2014）等著名的渔业产生影响，要了解酸化条件下海洋中的渔业及生态系统的变动，首先就要了解历史上海洋酸化的动态，以便后续能和生物及生态系统变动情况相结合。研究总结了白令海大陆架区域海洋酸化时空变动趋势，并初步分析了影响海洋酸化变动趋势的原因，东白令海大陆架海域的海洋酸化变动在时空上存在差异，1998—2014年间，东白令海大陆架水域Ω_{ar}值的年间下降趋势不明显，主要表现为波动，其海水酸化的变动主要是受到季节性环境事件动态（海冰动态、河流淡水汇入、生物因素等）的年间差异所控制，在3—4月和10月海水Ω_{ar}值较低时，容易发生海洋酸化现象；空间上，由近岸向外海，海洋酸化的程度先减小后上升，在大陆架内部水域，海洋酸化动态的主要影响因素包括了河流淡水输入、海冰动态和生物因素的影响；外部水域的影响因素包括了人类排放二氧化碳量逐年增加及海流动态；海洋环境因子SST、SSS和Chl-a能够在一定程度上代表影响海洋酸化程度的环境原因。分析表明，东白令海大陆架海洋酸化的动态受到了多种因素的控制，但是研究没有得出海域海洋酸化的长期变动趋势，对于大陆架内部海域受到人类排放二氧化碳量逐年增加影响程度如何解决这一问题需要后续增加更长时间序列的数据进行进一步分析。

3.2 海水pH变动对东白令海大陆架区域渔业资源栖息地变动的影响

海洋酸化会对海域内的生物及生态系统造成影响（Gattuso和Hansson，2011）。从海洋生物的生活史来看，钙化动物（软体动物、甲壳类和珊瑚礁区域生物）最容易受到海洋酸化的影响，由于存在钙质的外壳，在酸性海水中容易发生溶解，不利于物种的生长和发育（Chan和Connolly，2013；Gibson et al., 2011；Hoegh-Guldberg et al., 2017）；而对于鱼类，海洋酸化则通过影响鱼卵的孵化、仔稚鱼的生长和存活等方面对鱼类的早期生活史不利进而影响到整体种群的资源动态，例如大西洋鲱鱼（*Clupea harengus*）（Franke和Clemmesen，2011）和黄鳍金枪鱼（*Thunnus albacares*）（Bromhead et al., 2015）等。

气候变化下海洋物种的分布变化同样是人们关心的问题，例如Cheung等（2010）根据气候模型的预测的2050年海水的温度和营养盐变化，模拟了全球海洋的资源量和捕捞量变动，发现在高纬度区域捕捞量会增加而低纬度区域会减少；Perry等（2005）发现，海水变暖已使得北海海域的鱼类整体向北偏移了1～2个纬度；苏杭等（2015）认为，海水变暖可能会造成东黄海鲐鱼（*Scomber japonicus*）的栖息面积减少。目前对海洋酸化下物种空间变动的影响的研究主要集中在珊瑚类生物上，例如，Tittensor和Baco（2010）发现未来的海洋酸化会造成海山的山顶和山脊区域的石珊瑚（*Lophelia pertusa*）大量减少；Couce等（2013）推测，未来海洋酸化会对纬度在5°～20°的热带区域珊瑚种类的栖息地适宜度造成不利影响。对于人类直接获取的海洋渔业资源（鱼类、甲壳类和软体动物），海洋酸化是否会对其空间分布（整体的分布及适宜栖息地面积的变化）造成影响？针对这个问题，研究基于1982—2014年东白令海大陆架底层拖网的调查数据及底层海水pH数据，利用相关性分析和适宜性指数模型，分析目前海洋酸化下物种空间分布及栖息地（分布重心和栖息地面积）的变化，研究结果可为后续合理制定捕捞策略及资源的可持续开发和管理研究提供参考。

3.2.1 研究数据与研究方法

（1）数据类型及其来源

渔业调查数据来源于阿拉斯加渔业科学中心网站（Alaska Fisheries Science Center, https://www.fisheries.noaa.gov/alaska/commercial-fishing/alaska-groundfish-bottom-trawl-survey-data），为1982—2014年历年5—9月在东白令海大陆架区域底层拖网的资源调查数据，数据包含了调查的时间、经纬度、渔获深度、渔获物种的种名（一些种类只鉴定到属）及其对应的单位捕捞努力量的渔获量（catch per unit effort，CPUE，单位：kg/km^2），基本上每年的调查都涵盖了整个东白令海大陆架区域。为了分析需要，选取海域中的主要的渔业资源择选方式为：2010—2014年某物种都有采样，同时某物种总计采样年份大于20年，因此共选取147个物种，其中鱼类66种、甲壳类29种、软体动物52种。

底层pH数据下载自世界气候研究计划的网站（World Climate Research Programme，WCRP， https://esgf-node.llnl.gov/search/cmip6/），为NOAA地球流体力学实验室GFDL-ESM4模型基于历史观测资料对1982—2014年全球海水pH的模拟结果，数据的时间分辨率为月，空间分辨率为$1^\circ \times 1^\circ$。

（2）研究的主要方法介绍

生物资源的空间分布主要包含了两个方面，包括整体的变动（分布重心）以及其栖息地面积的变化。研究的目的就在于分析栖息地pH变动对物种这两个方面的影响，分析方法如下：

1）分布重心分析

首先对每个种类按年计算分布重心位置，计算方法为（汪金涛和陈新军，2013）：

$$GLatitude_y = \frac{\sum_i^n CPUE_{i,y} \times Lat_{i,y}}{\sum_i^n CPUE_{i,year}}$$

$$GLontitude_y = \frac{\sum_i^n CPUE_{i,y} \times Lon_{i,y}}{\sum_i^n CPUE_{i,y}}$$

其中，$CPUE_{i,y}$为在y年第i个站点（位置为$Lat_{i,y}$和$Lon_{i,y}$）观测到的CPUE，n为y年观测站点的个数，$GLatitude_y$和$GLontitude_y$分别表示该年物种的分布重心的纬度和经度。

按照每年的调查的物种栖息地分布范围，截取5—9月底层海水pH的大小并做平均，作为某y年物种栖息地的pH大小（$pH_{habitat,y}$）。利用皮尔生相关系数检验（汤银才，2008）分别计算1982—2009年内$pH_{habitat}$序列与$GLatitude_y$和$GLontitude_y$的相关系数及P值。计算公式方法如下（汪金涛和陈新军，2013）：

$$R_1 = \frac{\sum\left(GLatitude_y - \overline{GLatitude}\right)\left(pH_{habitat,y} - \overline{pH_{habitat}}\right)}{\sqrt{\sum\left(GLatitude_y - \overline{GLatitude}\right)^2 \sum\left(pH_{habitat,y} - \overline{pH_{habitat}}\right)^2}}$$

$$R_2 = \frac{\sum\left(GLontitude_y - \overline{GLontitude}\right)\left(pH_{habitat,y} - \overline{pH_{habitat}}\right)}{\sqrt{\sum\left(GLontitude_y - \overline{GLontitude}\right)^2 \sum\left(pH_{habitat,y} - \overline{pH_{habitat}}\right)^2}}$$

$$T_1 = \frac{R_1\sqrt{m-2}}{\sqrt{1-R_1^2}}$$

$$T_2 = \frac{R_2\sqrt{m-2}}{\sqrt{1-R_2^2}}$$

其中，m为观测的年份数，T_1和T_2服从二元正态分布，给定显著性水平为

α=0.05，当$T_{1,2} > t_{1-\alpha}(m-2)$时，相关性显著。对于相关性显著的物种，分别拟合1982—2009年$pH_{habitat}$序列与$GLatitude_y$和$GLontitude_y$的关系式：

$$GLatitude = a_1 \times pH_{habitat} + b_1$$

$$GLontitude = a_2 \times pH_{habitat} + b_2$$

其中，a_1、a_2、b_1和b_2为参数，使用2010—2014年的分布重心数据进行验证，当均方根误差小于1°时，即验证了假设，认为栖息地pH变动对物种整体分布变动存在着显著的影响。

2）栖息地面积变化分析

将历年的调查数据按照相应的位置进行CPUE与底层pH的匹配。首先统计1982—2009年CPUE在不同范围pH（0.01个单位）上的频率分布（由于是调查数据，每个部点只下一网，因此认为捕捞努力量相同，CPUE直接求和并平均），进而计算物种在pH上的适宜性指数（suitability index，SI），计算公式为（陈新军等，2009；Tian et al., 2009）：

$$SI = \frac{CPUE_i}{CPUE_{max}}$$

式中，$CPUE_i$为pH第i个范围的总平均CPUE，$CPUE_{max}$为在所有0.01个单位的总平均CPUE中的最大值。我们假设，SI=0时，海水pH不利于物种的生存，SI=1时的pH最有利于物种的生存，对这个假设进行验证，首先利用正态函数分布法拟合pH与SI的关系（Chen et al., 2011），表示为：

$$SI = a \exp\left[b\,(pH-c)^2 \right]$$

其中，a、b和c为参数，代入2010—2014年的pH数据进行验证，当假设成立时，则CPUE随着SI值的增加而增加，即pH对物种栖息地面积变化存在影响。研究将SI值划分成10个区间，分别为：0.0～0.1、0.1～0.2、0.2～0.3、0.3～0.4、0.4～0.5、0.5～0.6、0.6～0.7、0.7～0.8、0.8～0.9和0.9～1，统计2010—2014年CPUE在各区间上的总和，若随着SI的增大，总CPUE也存在着增大的趋势则认为假设成立。

3.2.2 各种类的栖息地分布及其变动规律

（1）物种栖息地pH变动

总体上（表3-4），东白令海大陆架海域底层pH的空间分布呈现从近岸到外海逐渐降低的趋势，2005—2014年与1982—1991年相比，海域的底层pH下降了0～0.07个单位，其中内部水域下降的幅度较大，而外海和北部区域pH下降幅度较小。

表3-4 2005—2014年与1982—1991年东白令海大陆架海域底层海水平均pH及差值（ΔpH）

纬度（°N）	经度（°W）	2005—2014年pH	1982—1991年pH	差值ΔpH
54.5	164.5	7.86	7.90	−0.04
54.5	165.5	7.84	7.88	−0.05
54.5	166.5	7.60	7.60	0.00
55.5	162.5	7.99	8.05	−0.05
55.5	163.5	7.99	8.04	−0.05
55.5	164.5	7.96	8.01	−0.04
55.5	165.5	7.94	7.98	−0.04
55.5	166.5	7.93	7.97	−0.03
55.5	167.5	7.67	7.70	−0.02
55.5	168.5	7.71	7.72	−0.01
56.5	159.5	8.02	8.08	−0.06
56.5	160.5	8.02	8.07	−0.06
56.5	161.5	8.01	8.07	−0.06
56.5	162.5	8.00	8.06	−0.05
56.5	163.5	7.99	8.04	−0.05
56.5	164.5	7.98	8.03	−0.05
56.5	165.5	7.97	8.01	−0.04
56.5	166.5	7.95	7.99	−0.04
56.5	167.5	7.95	7.98	−0.03

续表

纬度（°N）	经度（°W）	2005—2014年pH	1982—1991年pH	差值ΔpH
56.5	168.5	7.79	7.83	−0.04
56.5	169.5	7.69	7.71	−0.02
56.5	170.5	7.72	7.73	0.00
56.5	171.5	7.71	7.72	0.00
56.5	172.5	7.72	7.72	0.00
56.5	173.5	7.72	7.73	−0.01
57.5	158.5	8.01	8.07	−0.05
57.5	159.5	8.02	8.08	−0.05
57.5	160.5	8.02	8.07	−0.06
57.5	161.5	8.02	8.07	-0.05
57.5	162.5	8.02	8.07	−0.05
57.5	163.5	8.02	8.07	−0.05
57.5	164.5	8.02	8.07	−0.05
57.5	165.5	8.02	8.06	-0.05
57.5	166.5	8.01	8.06	−0.05
57.5	167.5	8.01	8.06	−0.05
57.5	168.5	8.01	8.06	−0.05
57.5	169.5	8.01	8.05	−0.05
57.5	170.5	7.96	8.00	−0.04
57.5	171.5	7.93	7.96	−0.03
57.5	172.5	7.93	7.96	−0.03
57.5	173.5	7.63	7.67	−0.04
58.5	158.5	8.00	8.06	−0.06
58.5	159.5	8.00	8.06	−0.06
58.5	160.5	8.00	8.07	−0.06
58.5	161.5	8.00	8.06	−0.07
58.5	162.5	8.01	8.07	−0.06

续表

纬度（°N）	经度（°W）	2005—2014年pH	1982—1991年pH	差值ΔpH
58.5	163.5	8.01	8.06	−0.05
58.5	164.5	8.01	8.06	−0.05
58.5	165.5	8.02	8.06	−0.05
58.5	166.5	8.01	8.06	−0.05
58.5	167.5	8.02	8.07	−0.05
58.5	168.5	8.02	8.06	−0.05
58.5	169.5	7.99	8.03	−0.05
58.5	170.5	7.98	8.02	−0.04
58.5	171.5	7.97	8.01	−0.04
58.5	172.5	7.93	7.96	−0.03
58.5	173.5	7.93	7.96	−0.03
58.5	174.5	7.69	7.71	−0.01
58.5	175.5	7.69	7.68	0.01
58.5	176.5	7.72	7.72	0.00
58.5	177.5	7.71	7.72	0.00
59.5	163.5	8.00	8.05	−0.05
59.5	164.5	7.99	8.04	−0.06
59.5	165.5	8.01	8.06	−0.05
59.5	166.5	8.01	8.06	−0.05
59.5	167.5	8.01	8.07	−0.05
59.5	168.5	8.02	8.07	−0.05
59.5	169.5	7.99	8.04	−0.05
59.5	170.5	7.99	8.04	−0.05
59.5	171.5	7.97	8.01	−0.04
59.5	172.5	7.99	8.04	−0.06
59.5	173.5	7.96	8.00	−0.04
59.5	174.5	7.93	7.96	−0.03

续表

纬度（°N）	经度（°W）	2005—2014年pH	1982—1991年pH	差值ΔpH
59.5	175.5	7.93	7.96	−0.03
59.5	176.5	7.92	7.96	−0.03
59.5	177.5	7.84	7.90	−0.06
60.5	167.5	8.01	8.07	−0.06
60.5	168.5	8.02	8.07	−0.06
60.5	169.5	8.02	8.08	−0.06
60.5	170.5	8.02	8.08	−0.05
60.5	171.5	8.03	8.08	−0.05
60.5	172.5	8.01	8.06	−0.05
60.5	173.5	8.00	8.05	−0.05
60.5	174.5	7.98	8.02	−0.04
60.5	175.5	7.95	7.98	−0.04
60.5	176.5	7.93	7.96	−0.03
60.5	177.5	7.93	7.96	−0.03
60.5	178.5	7.85	7.90	−0.05
61.5	171.5	8.03	8.07	−0.04
61.5	172.5	8.03	8.06	−0.03
61.5	173.5	8.03	8.07	−0.04
61.5	174.5	8.00	8.05	−0.05
61.5	175.5	7.98	8.03	−0.04
61.5	176.5	7.95	7.99	−0.04
61.5	177.5	7.94	7.97	−0.03
62.5	173.5	7.98	8.01	−0.02
62.5	174.5	7.98	8.01	−0.03
62.5	175.5	7.97	8.01	−0.04
62.5	176.5	7.97	8.01	−0.04

1982—2014年，鱼类、甲壳类和软体动物的栖息地pH都存在着下降的趋势（图3-7），其中鱼类的栖息地pH年均下降0.002个单位，甲壳类年均下降0.002 4个单位，软体动物年均下降0.001 9个单位。

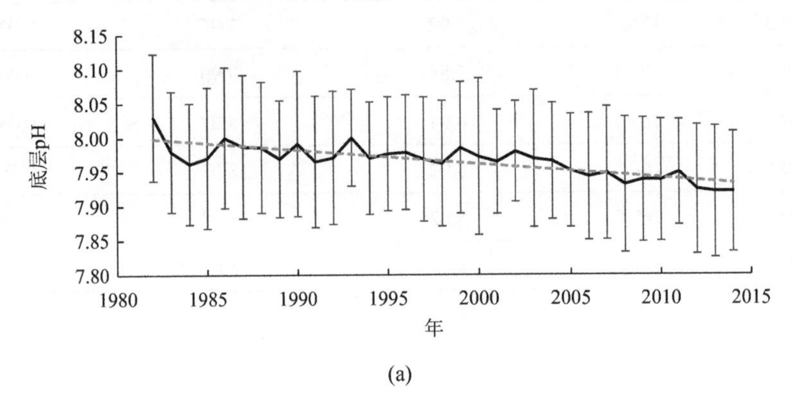

(a)

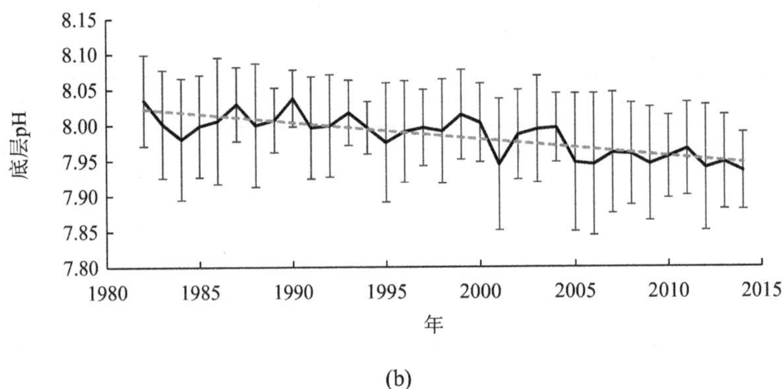

(b)

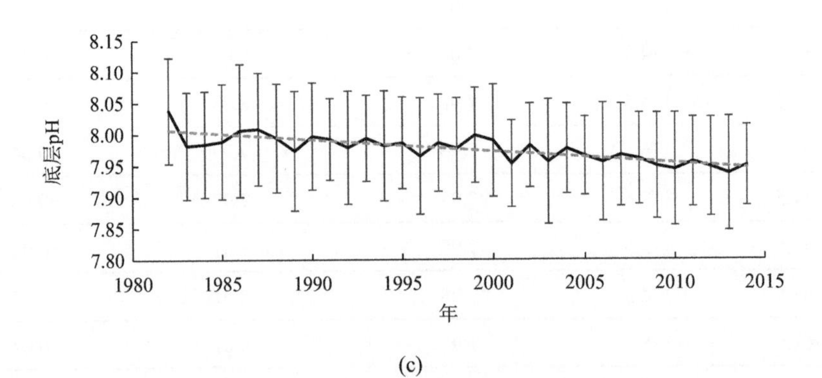

(c)

图3-7　1982—2014年东白令海大陆架区域渔业资源栖息地pH变动

（其中a：鱼类；b：甲壳类；c：软体动物）

（2）分布重心变化

1）鱼类

根据相关系数检验和验证分析，鱼类中（图3-8），共有19个种类发现了pH变动对其分布重心存在着显著影响（P<0.05），占所有研究鱼种的28.78%；其中pH的变动大多影响到鱼类纬度方向上的变动：共有18个种类的分布重心的南北变动与栖息地pH存在显著的关系（P<0.05），占存在显著影响种类的94.74%；经度方向上只有2个种类的分布重心变动与栖息地pH存在显著的关系（P<0.05），占存在显著影响种类的10%；另外，只有盔裸棘杜父鱼（*Gymnocanthus galeatus*）的纬度和经度方向上的分布重心变动同时受到pH变动的影响。

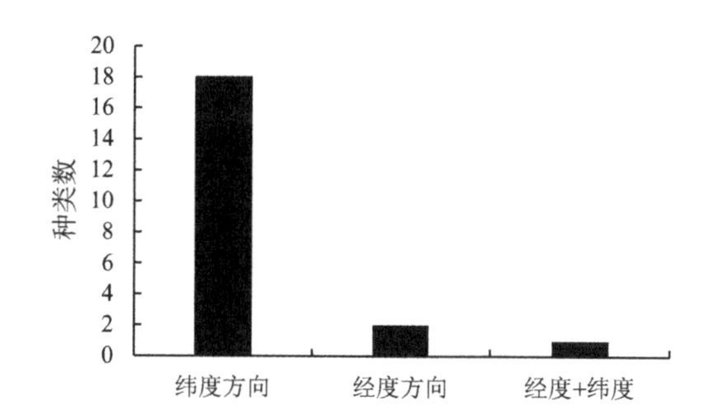

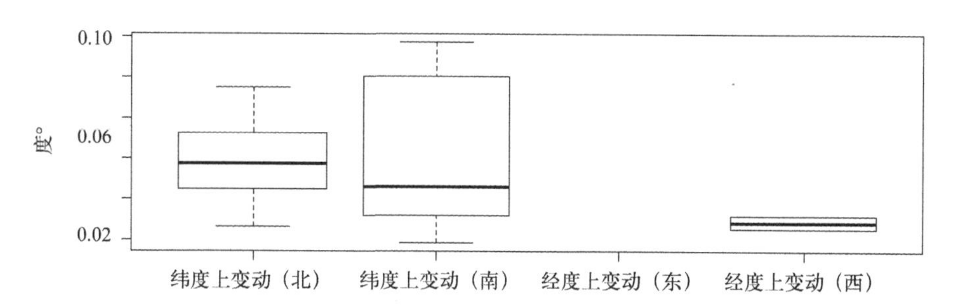

图3-8 pH变动下鱼类分布重心存在显著变化的种类及变动情况（pH下降0.01个单位）

在纬度方向上（图3-8），有8个种类表现出随着pH降低呈现向北偏移的趋势（R_1<0），pH下降0.01个单位能够使得这些种类在纬度上向北偏移

0.026°～0.095°；有10种种类的分布重心表现出南偏移的趋势（R_1>0），pH每下降0.01个单位能够使得这些种类在纬度上向南偏移0.018°～0.118°；经度方向上的2个种类均表现出随着pH降低呈现向西偏移的趋势（R_2>0），pH每下降0.01个单位能够使得这些种类在经度上向西南偏移0.025°～0.031°。

2）甲壳类

根据相关系数检验和验证分析，甲壳类中（图3-9），共有10个种类发现了pH变动对其分布重心存在着显著影响（P<0.05），占所有研究甲壳类的34.48%；其中pH的变动大多影响到甲壳类纬度方向上的变动：共有8个种类的分布重心的南北变动与栖息地pH存在显著的关系（P<0.05），占存在显著影响种类的81.74%；经度方向上只有2个种类的分布重心变动与栖息地pH存在显著的关系（P<0.05），占存在显著影响种类的18.81%；此外，未发现有甲壳类其分布重心的纬度和经度方向上同时受到pH变动的影响。

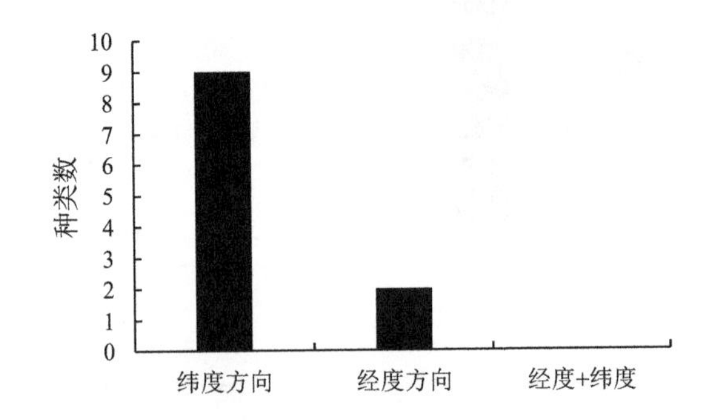

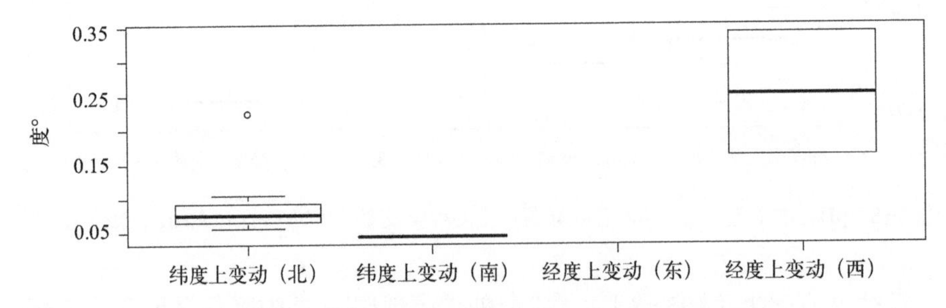

图3-9 pH变动下甲壳类分布重心存在显著变化的种类及变动情况（pH下降0.01个单位）

在纬度方向上（图3-9），除了堪察加拟石蟹（*Paralithodes camtschaticus*，$R_1>0$，pH每下降0.01个单位能够使得其在纬度上向南偏移0.045°），其他的8种甲壳类的分布重心表现出随着pH降低呈现向北偏移的趋势（$R_1<0$），其中pH每下降0.01个单位能够使得这些种类在纬度上向北偏移0.06°～0.229°，其中大多数种类的偏移范围为0.06°～0.104°，只有长脚寄居蟹（*Pagurus rathbuni*）向北偏移较大（0.224°）；经度方向上，两种物种［俄勒冈岩蟹（*Cancer oregonensis*）和沟纹纤毛寄居蟹（*Pagurus capillatus*）］的分布重心表现出随着pH降低呈现向西偏移的趋势（$R_2>0$），pH每下降0.01个单位能够使它们在经度上向西偏移0.16°～0.34°。

3）软体动物

根据相关系数检验和验证分析，软体动物中（图3-10），共有8个种类发现了pH变动对其分布重心存在着显著影响（$P<0.05$），占所有研究软体动物的15.38%；其中共有6种软体动物的分布重心的南北变动与栖息地pH存在

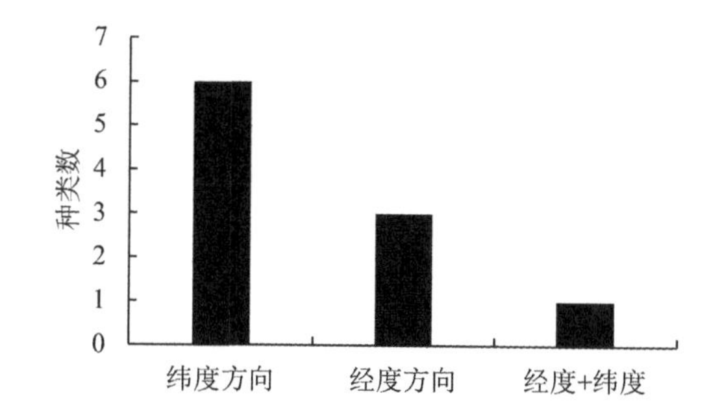

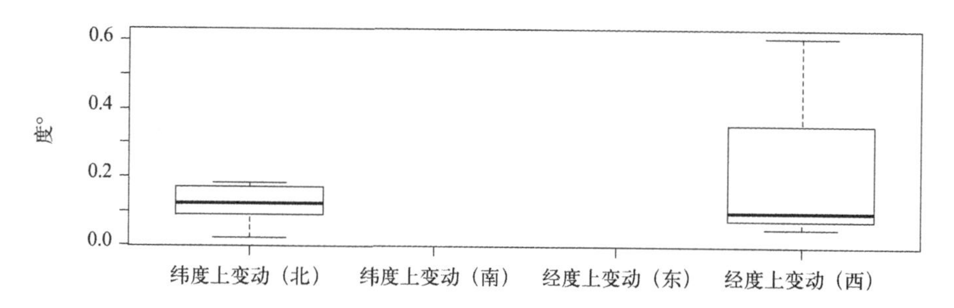

图3-10　pH变动下软体动物分布重心存在显著变化的种类及变动情况（pH下降0.01个单位）

显著的关系（$P<0.05$），占存在显著影响种类的75%；有3种软体动物的分布重心的东西变动与栖息地pH存在显著的关系（$P<0.05$），占存在显著影响种类的37.75%；另外，只有角螺（*Buccinum angulosum*）的纬度和经度方向上的分布重心变动同时受到pH变动的影响。

在纬度方向上（图3-10），所有6种甲壳类的分布重心表现出随着pH降低呈现向北偏移的趋势（$R_1<0$），pH每下降0.01个单位能够使它们在经度上向北偏移0.023°～0.182°。经度方向上的所有3种甲壳类的分布重心表现出随着pH降低呈现向西偏移的趋势（$R_2>0$），pH每下降0.01个单位能够使它们在经度上向西偏移0.051°～0.61°。

（3）栖息地面积变化

1）适宜性曲线的分布形式

根据适应性指数建模和验证分析，共发现47个物种的栖息地pH对栖息地面积变化存在影响，占所有分析物种的31.9%，其中鱼类、甲壳类和软体动物分别有13种、8种和17种，分别占所研究的鱼类、甲壳类和软体动物的19.70%、27.58%和32.69%。

结合物种多年的pH分布范围，对存在影响的物种的适宜性指数曲线的分布形式进行分析（图3-11），发现pH变动对物种的空间分布存在以下四种形式：

A型：正态型分布，即物种的分布有其适宜的pH范围；

B型：在较高的pH时，物种都处于SI较高的适宜区域内，当pH下降至某一程度时，pH才对其栖息地的适宜性不利；

C型：随着pH的下降，物种的SI一直下降。

D型：随着pH的下降，物种的SI一直上升。

基本上，大多数物种都为A型分布；鱼类中头瓣软杜父鱼（*Malacocottus zonurus*）为B型，粗棘杜父鱼（*Triglops macellus*）为C型，横带杂鳞杜父鱼（*Hemilepidotus papilio*）为D型；甲壳类中长趾寄居蟹（*Pagurus rathbuni*）和软体动物中的北海卷管螺（*Aforia circinata*）为C型。

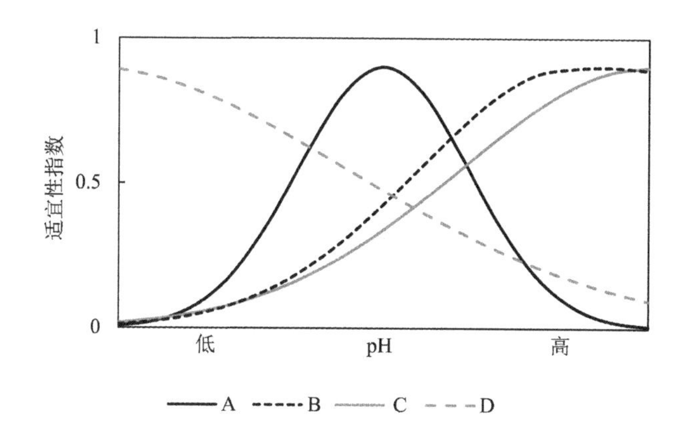

图3-11　适宜性曲线的分布形式

2）适宜栖息地面积变化

以SI>0.5作为物种的适宜栖息地，带入pH数据，分别对pH能够造成栖息地变动的物种计算1982—1991年和2005—2014年平均适宜栖息地的面积，可得2005—2014年鱼类的适宜栖息地面积平均下降了33.51%，范围为0%～59.26%；甲壳类的适宜栖息地面积平均下降了36.29%，范围为14.9%～50%；软体动物的适宜栖息地面积平均下降了55.93%，范围为19.7%～100%，软体动物中的角螺（*B.angulosum*）受到pH变动的影响是最为严重的，2005—2014年适宜栖息地已经消失。

3.2.3　物种栖息地的变化机制与成因讨论

（1）模型结果解释

研究对东白令海底层水域渔业资源的空间分布目前是否受到海水pH变动进行分析发现，1982—2014年，鱼类、甲壳类和软体动物的栖息地pH都存在着下降的趋势（图3-7），总体上海域的底层pH也是在下降的，下降范围在0～0.07（表3-4），即海域的酸化过程不断进行，不管是分布重心的变化还是适宜栖息地面积的变化，鱼类、甲壳类和软体动物种中都发现了受到pH变动影响的种类，暗示了未来海洋酸化变动会对物种空间分布造成影响。总体上目前东白令海海水pH变动会对分布重心和栖息地造成影响的物种分别为37种和47种，占总体的26.53%和36.57%，未发现影响的物种较多，对于这些物种，不能说明未来的海洋酸化情况不会对它们产生影响。有以下几点原因，首先研究是基于历史数据进行的，而现有的海水pH变化可能还未对物种产生影响，物种受到pH的影响需要在pH下降一定程度后才能得到体现，例如在适应性指数的分布形式中，研究发现头瓣软杜父鱼（*M.zonurus*）的适应性是随着pH的下降先保持着较高的水平随后开始下降（B型，图3-11）。同样，对于其他物种，其适应性也有可能在pH继续下降时也反映出图3-11的表现形式，实际上物种对环境的耐受限度是不同的，其中包含了具有宽广生态幅的广适性生物，这些海洋生物可能会适应较大范围pH的海水，在pH较低的时候才反映出pH对他们的影响，而狭适性生物即适应pH范围较窄的生物则会表现为在pH发生微小改变时就对他们的时空分布产生影响（沈国英等，2010）。在A型适应性指数的物种中，我们也发现不同物种对pH的适应性范围是不同的。其次，海洋酸化对物种的影响不仅仅表现在空间分布上，同样会对物种生活史产生影响而影响整体资源量的偏高或偏低（Chan和Connolly，2013；Gibson et al., 2011；Hoegh-Guldberg et al., 2017），例如Stiasny等（2016）就将实验中不同海水pCO_2浓度下进行培养的大西洋鳕鱼（*Gadus morhua*）幼鱼的存活率结果带入资源评估模型中，发现幼鱼存活率的降低使得未来的海洋酸化会降低大西洋鳕鱼的种群补充量。最后，物种的空间分布确实受到了pH变动的控制，但是还有其他环境因素对其空间分布产生影响，而且影响程度更大，pH的效应未能显现出来。

（2）pH变动对不同类型物种空间变化的调控方式

随着pH的下降（图3-7至图3-10），纬度上，除了鱼类以外，甲壳类和软体动物的分布重心都往北部偏移；经度上，三个种类的分布重心都是向西部偏移，未发现向东偏移的物种，对比2005—2014年与1982—1991年海水pH的差异（表3-4），其中内部水域下降的幅度较大，而外海和北部区域pH下降幅度较小，即物种的偏移区域都是往pH下降程度较低的海域。一般来说，在不考虑驯化和进化的情形下，物种的生存通常需要有稳定的环境条件（Bakun，1996），当环境变动超过其适宜范围时，就会通过寻找其他合适的栖息地以维持生存。但是，在鱼类中，研究发现纬度方向上存在着向南部偏移的个体，以研究中的两个物种做对比，腹斑深海鳐（*Bathyraja aleutica*）和狭鳞庸鲽（*Hippoglossus stenolepis*）这两个物种，其中，腹斑深海鳐是随着pH的下降而呈现向北偏移的趋势；狭鳞庸鲽则相反，且pH对该物种不存在经度上的影响。同时，它们的栖息地面积也会受到pH下降的影响，通过适宜性曲线，我们发现腹斑深海鳐的适宜pH范围为7.95～8.07，狭鳞庸鲽的适宜pH范围为7.65～7.75，而通过表3-4可知，北部区域的pH年代际下降程度较低，2005—2014年，北部的平均pH为8左右，刚好在腹斑深海鳐的适宜pH范围内，因此导致其向北偏移，而南部区域pH下降程度大，使海水的pH更容易落到狭鳞庸鲽的适宜pH范围内，因此导致该鱼种向南部偏移；另外狭鳞庸鲽还是研究中预测得到2005—2014年适宜栖息地面积与1982—1991年相比未有下降的物种。这说明了物种的分布受到了其适宜pH范围的调控，即不同种类空间变动对pH的反应存在特异性。

这种特异性同样还表现在软体动物与鱼类的差异上，研究发现，只有8种软体动物发现了pH变动对其分布重心存在着显著影响（$P<0.05$），占总体的15.38%，相反，游动能力较强的鱼类的分布重心则较多的受到了pH的影响；但是有32.69%的软体动物其栖息地面积受到海水pH变动的影响，这正好与他们的生物学特性相适应，软体动物活动能力较低，pH的变动直接反映到他们适宜栖息地面积的变化，在对比1982—1991年和2005—2014年平均适宜栖息地面积的结果中，软体动物的适宜栖息地面积都是下降的，有1个种类的适宜栖息地面积下降了100%，而鱼类则相反，其活动能力较强，它们的栖息地面积下降是研究的三个大类物种中最低的，其中，有三种鱼类［狭鳞庸鲽、横带杂鳞杜父鱼和条纹狼绵鳚（*Lycodes palearis*）］其适宜栖息地面积并没有发生变化。

另外，研究还发现了物种适宜性曲线对pH变化的四种表现形式（图3-11），通过前面的分析可知，它们主要是对pH变动适宜性范围（广或狭、高或低）

不同而存在的现有表现，可为今后的研究提供一定的依据。

3.2.4 小结

通过研究东白令海大陆架水域的渔业资源的空间分布与海水pH的关系，发现了鱼类、甲壳类和软体动物无论是重心分布还是栖息地分布都会受到海水pH变动的影响，暗示了未来海洋酸化带来的物种空间分布的改变；同时还发现，具有较强活动能力的鱼类分布重心受到pH变动的影响较强，栖息地面积则受到影响较弱，软体动物则相反；此外，pH变动对物种适宜性指数存在四种表现形式，可为后续的分析提供参考。但是海洋酸化带来的空间分布的变化还可能与物种资源丰度、生存环境及种间关系相互作用，因此，今后的研究还应该增加更多年份的样本和物种进行监测和分析。

3.3 海水pH变动对东白令大陆架海域渔业资源丰度变动的影响

已有的研究发现，海洋渔业资源生物受到海洋酸化影响不仅包含了空间分布的改变，同时也包括了资源量的变动（Lam et al., 2016）：例如，Munday等（2010）发现海洋酸化会使得珊瑚礁区域的鱼类更容易被其捕食者发现，同时种群的补充成功率也会降低；Kawaguchi等（2013）通过实验研究分析表明，南极水域pCO_2深度的降低会影响到南极磷虾（*Euphausia superba*）幼体的存活率，进而导致整体资源量的减少；还有研究发现海洋酸化会影响红帝王蟹（*Paralithodes camtschaticus*）和蓝蟹（*P. platypus*）的摄食行为和耗氧量，从而降低其生长率增加死亡率，因此种群的资源量可能发生下降（Long et al., 2019）。然而，现有的分析一般是基于实验结果的推断，海洋酸化逐渐加剧后资源的变动如何？此外，目前气候和环境对渔业资源影响的研究中发现海洋环境的变化可以直接影响种类资源量的变化，同时也可以通过改变种群适宜的栖息地范围而间接对资源的变动产生影响，例如：陈芃（2017）发现，秘鲁海域的水温总体偏高（水温距平为正），会造成秘鲁鳀（*Engraulis ringens*）的资源丰度降低，水温总体偏低（水温距平为负）时情况则相反；余为等（2017）发现，厄尔尼诺、拉尼娜事件发生时，海域温度、叶绿素a浓度等因素带来的适宜栖息地质量的差异，导致西北太平洋柔鱼（*Ommastrephes bartramii*）在厄尔尼诺事件（2009年）发生时资源丰度变低，在拉尼娜事件发生时（1998年）资源丰度变高，那么对于海水pH，其变动是否也会改变适宜栖息地的方式对渔业资源量变动产生影响呢？

对于东白令海区域，现有海洋酸化对渔业资源丰度的影响研究还很缺乏，针对不同类型的物种，海洋酸化的影响形式和程度如何？有何种差异？当前，仅有的研究只是对重要的经济种类（如红帝王蟹）的资源评估模型中加入了海洋酸化的因子（Punt et al., 2014）。因此，本研究基于1982—2014年东白令海大陆架底层拖网的调查数据，以海水pH变动作为海洋酸化的指标，利用动态回归模型探究pH变动对鱼类、甲壳类和软体动物资源丰度的影响，研究将有利于了解海洋酸化对不同物种的影响差异，为后续海洋酸化乃至气候变化下的渔业管理提供基础支撑，为东白令海渔业资源的可持续开发和科学管理提供参考。

3.3.1　研究数据以及分析方法

（1）数据类型及其来源

渔业调查数据来源于阿拉斯加渔业科学中心网站（Alaska Fisheries Science Center，https://www.fisheries.noaa.gov/alaska/commercial-fishing/alaska-groundfish-bottom-trawl-survey-data），为1982—2014年历年5—9月在东白令海大陆架区域底层拖网的渔获调查数据，数据包含了调查的时间、经纬度、渔获深度、渔获物种的种名（一些种类只鉴定到属）及其对应的单位捕捞努力量渔获量（Catch per unit effort，CPUE，单位kg/km^2），调查位置基本涵盖了整个东白令海大陆架区域。选取常见物种（历年都能捕获到）进行分析，共计70个种类，其中鱼类36种、甲壳类15种、软体动物19种，分析鱼种见表3-5。

底层pH数据下载自世界气候研究计划的网站（World Climate Research Programme，WCRP， https://esgf-node.llnl.gov/search/cmip6/），为NOAA地球流体力学实验室GFDL-ESM4模型基于历史观测资料对1982—2014年全球海水pH的模拟结果以及基于该模型对2015—2050年全球海水的预测结果。预测结果分为两种情景：SSP1-2.6情景和SSP5-8.5情景，分别代表了未来海洋酸化发生最为缓和和最为剧烈的两种情况，数据的时间分辨率为月，空间分辨率为1°×1°。

表3-5　研究所选择70种东白令海大陆架渔业资源相关信息

中文学名	英文学名	拉丁文名	大类
箭齿鲽	arrowtooth flounder	*Atheresthes stomias*	鱼类
格陵兰岛大菱鲆	Greenland turbot	*Reinhardtius hippoglossoides*	鱼类
狭鳞庸鲽	Pacific halibut	*Hippoglossus stenolepis*	鱼类
太平洋拟庸鲽	flathead sole	*Hippoglossoides elassodon*	鱼类
条星斑鲽	rex sole	*Glyptocephalus zachirus*	鱼类
刺黄盖鲽	yellowfin sole	*Limanda aspera*	鱼类
细鳞黄盖鲽	longhead dab	*Limanda proboscidea*	鱼类
星斑川鲽	starry flounder	*Platichthys stellatus*	鱼类
等鳍鲽	butter sole	*Isopsetta isolepis*	鱼类
黄腹鲽	Alaska plaice	*Pleuronectes quadrituberculatus*	鱼类
锯鼻细八角鱼	sawback poacher	*Leptagonus frenatus*	鱼类
鲟形足沟鱼	sturgeon poacher	*Podothecus accipenserinus*	鱼类
单鳍八角鱼	Aleutian alligatorfish	*Aspidophoroides monopterygius*	鱼类
白令棘八角鱼	Bering poacher	*Occella dodecaedron*	鱼类
玉筋鱼属		*Ammodytes* sp.	鱼类
白令狼鱼	Bering wolffish	*Anarhichas orientalis*	鱼类
光鳞深海鳚	Searcher	*Bathymaster signatus*	鱼类
太平洋鲱鱼	Pacific herring	*Clupea pallasii*	鱼类
乔氏杂鳞杜父鱼	yellow Irish lord	*Hemilepidotus jordani*	鱼类
横带杂鳞杜父鱼	butterfly sculpin	*Hemilepidotus papilio*	鱼类

续表

中文学名	英文学名	拉丁文名	大类
棘头床杜父鱼	great sculpin	*Myoxocephalus polyacanthocephalus*	鱼类
浅色床杜父鱼	plain sculpin	*Myoxocephalus jaok*	鱼类
长鳍须杜父鱼	spinyhead sculpin	*Dasycottus setiger*	鱼类
波氏绒杜父鱼	bigmouth sculpin	*Hemitripterus bolini*	鱼类
似耙冰杜父鱼	thorny sculpin	*Icelus spiniger*	鱼类
太平洋鳕鱼	Pacific cod	*Gadus macro cephalus*	鱼类
北极鳕鱼	Arctic cod	*Boreogadus saida*	鱼类
阿拉斯加狭鳕	walleye pollock	*Gadus chalcogrammus*	鱼类
白斑六线鱼	whitespotted greenling	*Hexagrammos stelleri*	鱼类
太平洋细齿鲑	eulachon	*Thaleichthys pacificus*	鱼类
毛鳞鱼	capelin	*Mallotus villosus*	鱼类
斑点细鳚	daubed shanny	*Leptoclinus maculatus*	鱼类
紫斑蓝绵鳚	marbled eelpout	*Lycodes raridens*	鱼类
枝条蓝绵鳚	wattled eelpout	*Lycodes palearis*	鱼类
短鳍狼绵鳚	shortfin eelpout	*Lycodes brevipes*	鱼类
革平鲉	Pacific ocean perch	*Sebastes alutus*	鱼类
阿拉斯加粉红虾	Alaskan pink shrimp	*Pandalus eous*	甲壳类
北方长额虾	humpy shrimp	*Pandalus goniurus*	甲壳类
褐虾属		*Crangon* sp.	甲壳类
泳虾属		*Argis* sp.	甲壳类
俄勒冈岩蟹	Oregon rock crab	*Cancer oregonensis*	甲壳类
枯瘦突眼蟹	graceful decorator crab	*Oregonia gracilis*	甲壳类
灰眼雪蟹	Tanner crab	*Chionoecetes bairdi*	甲壳类
北极琴蟹	circumboreal toad crab	*Hyas coarctatus*	甲壳类
太平洋琴蟹	Pacific lyre crab	*Hyas lyratus*	甲壳类
雪蟹	snow crab	*Chionoecetes opilio*	甲壳类
杂交雪蟹蟹	hybrid Tanner crab	*Chionoecetes hybrid*	甲壳类
头盔蟹	helmet crab	*Telmessus cheiragonus*	甲壳类

中文学名	英文学名	拉丁文名	大类
红帝王蟹	red king crab	*Paralithodes camtschaticus*	甲壳类
蓝帝王蟹	blue king crab	*Paralithodes platypus*	甲壳类
伊氏毛甲蟹	horsehair crab	*Erimacrus isenbeckii*	甲壳类
裸鳃类	nudibranch unid.	*Nudibranchia*	软体动物
峨螺属		*Colus* sp.	软体动物
海螺属		*Volutopsius* sp.	软体动物
梨螺	warped whelk	*Pyrulofusus deformis*	软体动物
濑峨螺属		*Beringius* sp.	软体动物
土盾氏峨螺		*Beringius beringii*	软体动物
普里比洛夫蛤	Pribilof whelk	*Neptunea pribiloffensis*	软体动物
北大西洋算盘蛤		*Neptunea borealis*	软体动物
新英格兰峨螺	lyre whelk	*Neptunea lyrata*	软体动物
拳头峨螺	fat whelk	*Neptunea ventricosa*	软体动物
厚虾夷法螺		*Neptunea heros*	软体动物
头盔螺	helmet whelk	*Clinopegma magnum*	软体动物
克罗亚氏峨螺		*Plicifusus kroyeri*	软体动物
北海卷管螺	keeled Aforia	*Aforia circinata*	软体动物
俄勒冈法螺	Oregon triton	*Fusitriton oregonensis*	软体动物
蛾螺属		*Buccinum* sp.	软体动物
尖角蛾螺	sinuous whelk	*Buccinum plectrum*	软体动物
阿拉斯加扇贝	weathervane scallop	*Patinopecten caurinus*	软体动物
格陵兰蛤	Greenland cockle	*Serripes groenlandicus*	软体动物

将相同时间位置的pH数据与渔业数据相匹配。基于年、月、经纬度、渔获深度的数据，利用广义线性模型（general liner model，GLM）对CPUE进行标准化（官文江等，2014；Xu et al., 2018），在模型的建立过程中，对进入模型的CPUE值进行对数化处理（ln(CPUE+1)），提取年间CPUE标准化值作为鱼种的资源丰度指标。

（2）资源丰度变动的研究方法

1）物种栖息地pH（$pH_{habitat}$）和适宜pH面积（$Area_{pH}$）的计算

研究假设，pH变动会以两种方式对渔业资源丰度变动产生影响。第一，所处海水的pH大小变化；第二，改变物种适宜的栖息地范围。以物种栖息地pH（$pH_{habitat}$）和适宜pH面积（$Area_{pH}$）分别作为这两种方式的指标，计算方法为（1）$pH_{habitat}$：根据每年鱼种的空间分布的界限（四个方向上的经纬度值），计算该范围内5—9月pH的平均值，最后将5个月的pH再次平均；（2）$Area_{pH}$：对各物种CPUE在pH上的分布频次采用拟合正态分布的方法获取物种的适宜pH范围（3σ原则，刘必林和陈新军，2017），根据这个范围计算各年5—9月调查海域内适宜pH的面积，最后将5个月的适宜pH的面积进行平均。

2）动态回归模型

资源变动在时间序列上通常存在着内部的联系，渔业资源的变动主要受到三种因素的影响：种群自身的调控、捕捞因素和环境变动，三种因素的变动最终会反应到资源丰度的时间变动上（陈新军，2014）。基于这个原理，研究采用动态回归模型进行分析。动态回归模型认为模型的误差是随时间变动的函数，由多种因素控制，研究假设，种群的调控和捕捞因素包含在时间变动内，而pH等环境因素则在时间变动外，对资源有着外部调控作用，即可化为动态回归模型的一个因子。当加入pH因子的模型与只包含时间的模型相比有着更高的精度时，则可以为假设成立。模型的基本形式为（曲明辉，2016；Hyndman 和Athanasopoulos，2019）

$$\forall^d Y_t = \mu + \sum \frac{\Theta_i(B)}{\Phi_i(\mathrm{B})} B \forall^d X_{it} + \varepsilon_t$$

$$\varepsilon_t = \frac{\Theta(B)}{\Phi(\mathrm{B})} a_t$$

式中：μ为序列的期望值，$\forall^d Y_t$中的d表示差分的次数，当d=1时，$\forall^d Y_t = Y_t - Y_{t-1}$，B为延迟算子，$\Theta_i(B)$为第$i$个变量输入时的移动平均系数多项式；$\Phi_i(\mathrm{B})$

为第i个变量输入时的自回归多项式；$\Theta(B)$为残差序列的移动平均系数多项式；$\Phi(\mathrm{B})$为残差序列自回归系数多项式；当未输入X时，方程即自回归滑动平均（auto-regressive integrated moving average，ARIMA）的基本形式。时间序列分析要求Y_t是平稳的（不能有趋势性），因此首先通过自相关函数和偏相关函数逐个检验序列的平稳性（Hyndman 和Athanasopoulos，2019）；随后利用赤池信息原则（akaike information criterion，Anderson et al., 1998；Hyndman 和Athanasopoulos，2019；Sakamoto et al., 1986）确定自回归阶数p和移动平均阶数q。

3）模型的比较和验证

为了验证研究的假设，对于每一个鱼种都建立四种模型（表3-6），其中模型1为只包含时间的模型，即$Y_t=\dfrac{\Theta(B)}{\Phi(\mathrm{B})}a_t$；模型2～4加入了单个或多个pH因子，表示pH变动对资源丰度的影响。对于每一个鱼种的4种模型形式，基于不同的时间长度拟合10个不同时间序列的模型，时间序列分别为1982—2004年、1982—2005年、1982—2006年、1982—2007年、1982—2008年、1982—2009年、1982—2010年、1982—2011年、1982—2012年和1982—2013年，每一个时间序列的后面一年为验证年份。

研究通过模型拟合精度和预测精度对假设进行验证，对一个鱼种计算每一个模型的对模拟时间序列的均方跟误差（root mean square error，*RMSE*），公式为：

$$RMSE=\sqrt{\frac{\sum\left(\widehat{abundance}_t-abundance_t\right)^2}{N}}$$

其中，$abundance_t$为t年的资源量丰度，$\widehat{abundance}_t$为模型拟合的t年的资源丰度，N为模拟年份数。以*RMSE*对模型2～4进行筛选：当一个模型的10个时间序列模型的*RMSE*显著的低于不包含pH因子的模型1时（t检验，单尾），该模型为合格模型：当获得多个模型时，选取*RMSE*最低的模型作为最优模型。

对于选取的最优模型，分别拟合的10个时间序列模型后一年资源丰度$\widehat{abundance}_{t+1}$，并利用后一年实际资源丰度（$abundance_{t+1}$）计算模型预测精度（Prediction Accuracy，PA_i）及总预测精度（PA），以评估模型是否有效，公式为：

$$PA_i = \left(1 - \left|\frac{\widehat{abundance}_{t+1} - abundance_{t+1}}{abundance_{t+1}}\right|\right) \times 100\%$$

$$PA = \frac{\sum PA_i}{10}$$

当$PA>65\%$时认为模型有效，可以作为解释该鱼种资源丰度变动的最优模型。

表3-6　不同时间序列模型模型形式

模型	包含因子
模型1	时间
模型2	时间，$pH_{habitat}$
模型3	时间，$Area_{pH}$
模型4	时间，$pH_{habitat}$，$Area_{pH}$

4）pH变动对资源丰度的影响分析及预测

为研究pH变动对资源丰度的影响，对假设成立的物种，利用1982—2014年时间序列的资源丰度进行建模。根据CMIP6模型的研究结果（图3-12），2050年在海洋酸化最严重的SSP5-8.5情景下，白令海大陆架海域的底层pH下降了0.12个单位；在海洋酸化最缓和的SSP1-2.6情景下，底层pH下降了0.05个单位，因此，研究以SSP1-2.6情景下2015年海域pH情况为基准，模拟2015年时如果pH下降了0、0.04、0.08和0.12单位时物种资源丰度的变化，通过对比分析pH变动对资源丰度的影响。

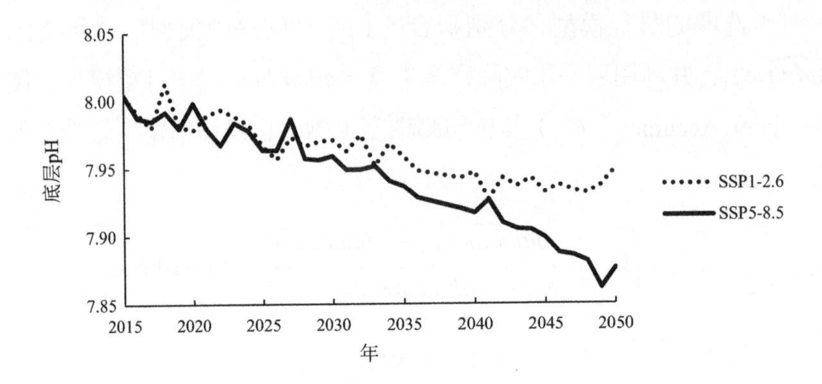

图3-12 2015—2050年不同情景模式下东白令海大陆架海域底层pH变动情况

3.3.2 渔业资源丰度变动及其影响因子

（1）pH值变动对资源丰度的影响

共发现22个种类在加入pH因素后*RMSE*显著的低于不包含pH因子的模型1，说明了底层pH变动对其资源丰度序列变动存在着影响，占所有研究物种的31.42%，其中鱼类最多，为10种，占所有鱼类的27.78%；其次为软体动物（7种），占所有软体动物的36.84%；甲壳类最少为5种，占所有甲壳类的33.33%（图3-13）。

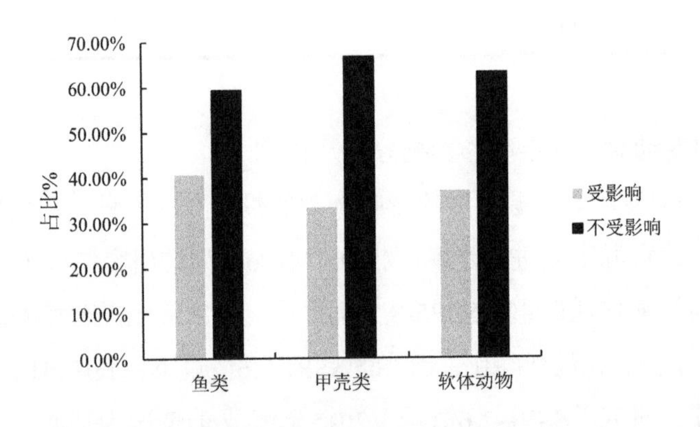

图3-13 目前东白令海大陆架水域物种受pH变动影响情况

（2）pH值变动对不同种类资源丰度影响及其预测

1）鱼类

分析发现，pH降低对不同鱼类的作用不同（表3-7）。首先，pH降低对种类的影响程度不同，例如在pH下降0.08个单位时，黄腹鲽（*Pleuronectes quadrituberculatus*）、棘头床杜父鱼（*Myoxocephalus polyacanthocephalus*）、太平洋细齿鲑（*Thaleichthys pacificus*）和紫斑蓝绵鳚（*Lycodes raridens*）的资源丰度下降了10%以上，而对太平洋鳕鱼和等鳍鲽（*Isopsetta isolepis*）资源丰度的影响程度则不超过1%；其次，pH的降低并不一定对鱼类产生负影响，例

表3-7　pH下降对鱼类的影响

种名	pH下降程度			影响因素
	−0.04	−0.08	−0.12	
太平洋拟庸鲽 *Hippoglossoid eselassodon*	−4.40%	−0.89%	−5.68%	$Area_{pH}$
等鳍鲽 *Isopsettai solepis*	−0.48%	−0.66%	−0.84%	$pH_{habitat}$
黄腹鲽 *Pleuronectes quadrituberculatus*	6.26%	−19.92%	−25.61%	$pH_{habitat}$和$Area_{pH}$
玉筋鱼属 *Ammodytes* sp.	5.59%	6.86%	7.86%	$pH_{habitat}$
棘头床杜父鱼 *Myoxocephalus polyacanthocephalus*	−52.91%	−16.92%	−48.39%	$pH_{habitat}$和$Area_{pH}$
波氏绒杜父鱼 *Hemitripferus bolini*	−0.24%	−0.33%	−0.42%	$pH_{habitat}$
太平洋鳕鱼 *Gadus macrocephalus*	0.30%	0.41%	0.52%	$pH_{habitat}$
阿拉斯加狭鳕 *Gadus chalcogrammus*	−1.81%	−2.37%	−4.30%	$Area_{pH}$
太平洋细齿鲑 *Thaleichthys pacificus*	−36.85%	−39.00%	−52.49%	$pH_{habitat}$和$Area_{pH}$
紫斑蓝绵鳚 *Lycodes raridens*	−68.47%	−79.33%	−86.45%	$pH_{habitat}$

注：表中数值表示pH下降时资源丰度相对pH未降低时的情况（差异百分比）。

如对于太平洋鳕鱼（*Gadus macrocephalus*）和玉筋鱼属（*Ammodytes* sp.），pH的降低会使得资源丰度处于增加的趋势；一些种类在pH降低时资源丰度反映出先增加后减少的趋势（如黄腹鲽）；从影响因素来看，不同鱼种受到pH下降的作用不同，例如太平洋拟庸鲽（*Hippoglossoid eselassodon*）和阿拉斯加狭鳕（*G. chalcogrammus*）的资源丰度降低是由于pH降低导致了适宜栖息地范围的改变；黄腹鲽、棘头床杜父鱼和太平洋细齿鲑的资源丰度降低是由于适宜栖息地范围的改变和栖息地pH降低两个因素共同造成的；其他种类则是受到栖息地pH降低的影响。

2）甲壳类

与鱼类相反（表3-8），甲壳类的资源丰度在pH下降了0.12个单位时资源丰度都表现为降低的现象；同样，不同种类受到pH下降的影响程度不同，其中北极琴蟹（*Hyas coarctatus*）和头盔蟹（*Telmessus cheiragonus*）受到的影响最为严重，资源丰度在pH减少了0.12个单位时分别降低了59.20%和55.22%；北方长额虾（*Pandalus goniurus*）和雪蟹（*C.opilio*）的资源丰度随着pH的下降先上升后下降。从影响因素来看，所有种类的模型都包含了$pH_{habitat}$这一因子，即栖息地pH降低对甲壳类产生了影响。

表3-8　pH下降对甲壳类的影响

种名	pH下降程度			影响因素
	−0.04	−0.08	−0.12	
阿拉斯加粉红虾*Pandalus eous*	−0.07%	−0.09%	−0.11%	$pH_{habitat}$
北方长额虾*Pandalus goniurus*	0.50%	−2.49%	−3.17%	$pH_{habitat}$和$Area_{pH}$
北极琴蟹*Hyas coarctatus*	−10.97%	−49.28%	−59.20%	$pH_{habitat}$和$Area_{pH}$
雪蟹*Chionoecetes opilio*	0.60%	−0.41%	−1.48%	$pH_{habitat}$和$Area_{pH}$
头盔蟹*Telmessus cheiragonus*	−37.12%	−46.94%	−55.22%	$pH_{habitat}$

注：表中数值表示pH下降时资源丰度相对pH未降低时的情况（差异百分比）。

3）软体动物

总体来看（表3-9），随着pH的降低，软体动物的资源丰度都处于下降的趋势，只有头盔螺（*Clinopegma magnum*）在pH下降0.04时资源丰度有所增加；不同种类受到pH下降的影响程度不同，其中峨螺属种类（*Colus* sp.）和厚虾夷法螺（*Neptunea heros*）受到的影响最为严重，资源丰度在pH下降了0.12单位时分别降低了57.63%和49.21%；从影响因素来看，所有种类的模型都包含了$Area_{pH}$，即pH降低导致的栖息地范围的改变对软体动物产生的影响。

表3-9　pH下降对软体动物的影响

种名	pH下降单位			影响因素
	−0.04	−0.08	−0.12	
峨螺属*Colus* sp.	−38.57%	−43.72%	−57.63%	$pH_{habitat}$和$Area_{pH}$
普里比洛夫蛤*Neptunea pribiloffensis*	−0.62%	−1.62%	−2.75%	$Area_{pH}$
新英格兰峨螺*Neptunea lyrata*	−1.10%	−1.21%	−1.35%	$Area_{pH}$
拳头峨螺*Neptunea ventricosa*	−11.78%	−16.43%	−41.53%	$pH_{habitat}$和$Area_{pH}$
厚虾夷法螺*Neptunea heros*	−29.27%	−33.64%	−49.21%	$pH_{habitat}$和$Area_{pH}$
头盔螺*Clinopegmamagnum*	1.70%	−3.42%	−4.12%	$Area_{pH}$
克罗亚氏峨螺*Plicifusus kroyeri*	−1.74%	−4.76%	−9.41%	$pH_{habitat}$和$Area_{pH}$

注：表中数值表示pH下降时资源丰度相对pH未降低时的情况（差异百分比）。

3.3.3　pH变动对渔业资源丰度的影响机理分析

（1）pH影响下物种资源丰度变动特征及解释

物种资源丰度受pH变动影响的表现形式不同，主要有以下两个方面：

1）存在种类差异

随着pH的下降（表3-7至表3-9），绝大多数的甲壳类和软体动物的资源丰度都呈现下降的趋势，但是鱼类中的玉筋鱼属（*Ammodytes* sp.）和太平洋鳕鱼（*G. macrocephalus*）的资源丰度呈现上升趋势。甲壳类和软体动物（除头足类）的身体存在着钙化的外壳，海洋酸化会导致其外壳的溶解（Chan和Connolly，2013；Gilbson et al., 2011）。Wittmann和Pörther（2013）总结了前人的实验结果发现，海洋生物中最易受到海洋酸化影响的种类为珊珊礁类和软体动物，其次为甲壳类，最后是鱼类。相较于软体动物和甲壳类，鱼类的活动能力是最强的，能够通过游动迁移到适宜的栖息地以避免海水pH下降造成的影响。同时研究发现，物种所处的海水pH大小的变化以及pH变动造成的适宜栖息地范围的改变都能够对物种资源丰度产生影响，将甲壳类和软体动物进行对比（表3-8和表3-9），研究发现所有受影响甲壳类的模型都包含了$pH_{habitat}$，即栖息地pH降低对甲壳类产生了影响，而所有受影响软体动物的模型都包含了$Area_{pH}$，即pH降低导致的栖息地面积变化对软体动物产生影响，这与两个种类的生活特性相适应：本研究中的软体动物都为栖息在海底的贝类，未包含栖息在水层中的头足类，活动能力较弱，因此适宜栖息地面积的变化能够直接影响到软体动物的资源丰度变动；而甲壳类与软体动物相比拥有更强的活动能力，在栖息地不适宜的情况下能够发生迁移，因此栖息地pH的高低对资源丰度的影响更为重要。

2）响应程度和形式不同

pH降低对不同鱼类的作用不同，对比鱼类中的两个物种（表3-7），pH下降0.04～0.12个单位时，等鳍鲽（*I.isolepis*）的资源丰度只下降了不到1%，而紫斑蓝绵鳚（*L.raridens*）的资源丰度在pH下降0.04个单位时就已经下降了68.47%，当pH下降了0.12个单位时其下降程度可达到了86.45%，即物种资源丰度的对pH下降响应程度不同。这可能由于物种不同的响应机制导致的：在对两种蟹类分析时，Long et al（2019）发现在200 d相同的实验条件培养下（pH=7.8），红帝王蟹（*P.camtschaticus*）外壳的钙含量与对照组（pH=8.0）没有显著的变化（$P>0.05$），而红眼雪蟹（*Chionoecetes bairdi*）外壳的钙含量则极显著的低于对照组（$P<0.01$），研究发现红眼雪蟹在pH下降时体内的能量更多用于维持生长发育，而红帝王蟹则会将能量用于pH降低而溶解的外壳。

研究发现，物种的资源丰度随着pH下降并不是只表现为下降的形式：不仅存在着资源丰度上升的物种（如太平洋鳕鱼*G. macrocephalus*和玉筋鱼属*Ammodytes* sp.，表3-7），也有物种（如黄腹鲽*P. quadrituberculatus*）的资源丰度先上升后下降，此外，棘头床杜父鱼（*Myoxocephalus polyacanthocephalus*）

的资源丰度在pH下降时虽然都表现为减少，但是资源丰度在pH下降0.08个单位时（16.92%）比下降0.04个单位时（56.91%）减少的程度要低（表3-7），即物种的资源丰度在pH下降时的响应形式不同。对海洋酸化下钙化海洋生物钙化率反应分析中也发现了相似结果（正效应或是负效应，以及抛物线形式等，Ries et al., 2009），这可能是食物网关系和物种自身的生活特性等因素造成的：首先，pH降低可能导致一些物种饵料生物的增加，Sswat等（2018）模拟了21世纪末高二氧化碳分压浓度海水下的海洋中型生态系统，发现其中大西洋鲱鱼（*Clupea harengus*）的生物量增加的现象，对其主要饵料生物（浮游动植物种类）的生物量进行统计发现，高二氧化碳海水由于提供了充足的光合作用来源导致了这些种类生物量的升高，这为大西洋鲱鱼带来了丰富的饵料环境。本研究也发现了玉筋鱼属的种类（*Ammodytes* sp.）资源丰度随着pH降低时而增加的现象。已有研究认为（Monteleone和Peterson，1986），它们的食物组成主要为低营养级的浮游动物（主要为桡足类），在生态系统模拟研究中曾发现海洋酸化下桡足类生物量会增加的情况（Fay et al., 2017）。由此可见，pH下降会通过食物网关系对相关联物种的资源丰度产生间接影响；其次，物种都存在着适宜环境因子范围和最适范围（王易帆和陈新军，2019），当pH下降一定程度时，物种可能还处于适宜pH范围或最适合范围内；最后，该现象可能还与物种的应对策略有关，例如Bignami等（2014）发现，鲯鳅（*Coryphaena hippurus*）仔鱼在高二氧化碳浓度海水中，能够降低游泳速度和新陈代谢速率，同时体质量上升以便储存能量维持生存，即资源丰度的升高是物种对pH下降这种不利环境的反应。

（2）未发现pH变动对资源丰度有影响的相关物种的可能源因

在1982—2014年东白令海海域的鱼类、甲壳类和软体动物的栖息地pH都呈现下降的趋势（表3-4和图3-7），这样的背景下所有物种中只有31.42%的种类受到pH变动的影响，未发现影响的物种占68.58%。未发现影响的物种占大多数，但是该结果不能说明未来的海洋酸化情况不会对它们产生影响，主要有以下几个原因：首先本研究是基于历史调查和pH数据（1982—

2014年）进行的，所包含的海水pH变化可能还未对物种产生影响，物种受到的影响需要在pH下降到一定程度后才能发生，例如在石笔海胆（*Eucidaris tribuloides*）和硬壳蛤（*Mercenari amercenaria*）的钙化率研究中，发现只有在海水文石饱和度降低到一定值时钙化率才会降低（Ries et al., 2009）；其次未来的海洋酸化可能会对生态系统产生影响，物种受到海洋酸化资源丰度的增加和减少会对其关联的捕食和被捕食者产生影响：例如Marshall等（2017）对海洋酸化情况下加利福尼亚沿岸生态系统的物种进行模拟研究发现，鲨鱼种类自身的资源量变动不易受到海洋酸化的直接影响，但是由于饵料生物资源量的降低，间接降低它们的资源量；最后，物种在海洋酸化的条件下也可能存在驯化和适应性进化的机制（Sunday et al., 2014）。

3.3.4 小结

通过研究对东白令海大陆架水域渔业资源丰度与pH的关系分析发现，pH变动对各物种资源丰度的影响存在种类的特异性，其中对软体动物（不包含头足类）和甲壳类均易产生负影响。同时，物种资源丰度对pH下降的响应程度和形式（包含了上升、下降和先上升后下降三种）不同。研究认为，pH的变动可通过所处水域pH大小变化以及pH变动改变鱼种适宜栖息地范围对物种资源丰度产生影响。该研究结果在一定程度上预示着在海洋酸化不断加剧的情况下未来物种资源丰度的发展变化趋势，可为后续的研究与分析提供参考。但是分析也发现，仅单独分析pH对物种资源丰度的影响是不够的，食物网（Marshall et al., 2017；Sswat et al., 2018；Fay et al., 2017）、物种生活史（Ries et al., 2009）及其他环境及气候变化（王易帆和陈新军，2019；杨香帅等，2019；Gilbson et al., 2011）都会对物种的资源丰度造成影响，后续应该将这些因素结合综合分析，为进一步研究和了解未来物种资源丰度变动提供更有力的依据。

第4章　海洋酸化下东白令海大陆架海域渔业生态系统模拟研究

白令海有着丰富的渔业资源（Livingston和Jurado-Molina, 2000；Otto, 1981），根据阿拉斯加渔业科学中心（Alaska Fisheries Science Center）的相关报告（渔业资源评估报告），主要的经济渔获对象包括阿拉斯加狭鳕（*Gadus chalcogrammus*）、太平洋鳕鱼（*Gadus macrocephalus*）、蟹类［帝王蟹（*Paralithodes camtschaticus*）、雪蟹（*Chionoecetes opilio*）和堪察加拟石蟹（*Chionoecetes bairdi*）］及底层鱼类［如黄腹鲽（*Pleuronectes quadrituberculatus*）、太平洋拟庸鲽（*Hippoglossoides elassodon*）和杜父鱼种等］。

根据前面的分析，海洋酸化主要影响甲壳类和软体动物。但是，前面都是对物种进行逐个分析，在考虑到生态系统后，不同物种可能还会因为食物网（链）上的捕食和被捕食关系而受到影响，即而影响渔业产业及生态系统的结构和功能。而目前在白令海，相关研究还未开展。另外，还有两个关键问题没有解决：其一，捕捞因素与海洋酸化共同效应如何？其二，在明确了海洋酸化对渔业的这些影响后，是否可以通过设定具体的目标以及调整捕捞死亡率（捕捞努力量）的大小使渔业产业维持在人们可接受的水平？解决这些问题，才能确保海域渔业资源和渔业产业的可持续发展。

已经有相关研究利用了生态系统模型构建海域生态系统对其中的一些问题进行了分析，例如，Fay等（2017）模拟了海洋酸化下美国东北部生态系统的大类生物的变动情况，发现鱼类、鲨鱼、海洋保护动物、无脊椎动物的资源量都会下降，但是浮游动物的资源量变动不大，而海洋酸化下桡足类的资源量会增加，将结果推算至渔业上的变化，研究发现，海洋酸化对渔业总产量有着降低的效应，但是对于大西洋鲱鱼（*Clupea harengus*）、中层鱼类功能团等涉及的渔业，海洋酸化能够增加渔业的产量。在将海洋酸化与捕捞因素共同结合后，Griffith等（2011）对2010—2050年澳大利亚东南海域的生态系统模拟中就发现，中等强度的海洋酸化（pH=7.92）在2040年之前会对海域底层无脊椎动物资源量产生负效应，但是由于捕捞导致捕食者减少因此释放了密度制约效应，两个因素综合的结果是增加了对底层无脊椎动物的资源量，即捕捞和海洋酸化是对立的，也有同时产生负效应的例子如高强度（pH=7.77）的海洋酸化和捕捞会对深海底层鱼类产生负影响；结合生态系统因素，发现海洋酸化和捕捞都会造成海山区域附近的生物多样性的降低，但是它们的作用大于海洋酸化和捕捞分别作用之和，可以看出海洋酸化和捕捞因素的共同结合后对海洋生物和海洋生态系统影响多样，这种影响可以表现为累加的、对立的和协同的。在群落和生态系统层面上，Griffith等（2012）的另一个模拟研究就发现高强度的海洋酸化下，在2050年的群落丰度、均匀度和生物多样性都会比模型开始时的2010年低，同时大型鱼类减少，小型鱼类增多，这体现了海洋酸化带来的群落格局转换。这些研究在一定程度上对未来海洋酸化下海洋生物、渔业和海洋生态系统的变化做了回答，但是各种海洋生态系统的结构明显不同。况且他们的研究还没有回答最后一个问题，那就是渔业上应该如何调整捕捞策略来应对海洋酸化的变动呢？

因此，本章分析首先结合东白令海大陆架海域的实际食物网情况（捕食和被捕食关系），利用Ecopath模型构建2005—2014年海域相应的渔业生态系统，并使用Ecosim模型模拟海洋酸化带来的甲壳类和软体动物额外死亡率的情况下，2015—2100年海域中资源量及其对应的渔业产量和生态系统上的相应变化，从受影响的渔业资源出发，模拟该如何调整捕捞策略以维持渔业及生态系统的稳定，研究有助于人们加深海洋酸化对海洋生物和海洋生态系统的了解，并为渔业管理者制定相应的应对策略提供支持。

4.1 研究数据及其研究方法

4.1.1 数据类型与数据来源

研究使用的相关数据包括了2005—2014年东白令海大陆架区域海洋生物的资源量、食物组成及产量数据，来源于阿拉斯加渔业科学中心的渔业资源评估报告、食物组成调查报告和生态系统状况报告，获取自NOAA渔业中心网站（网址：https://www.fisheries.noaa.gov/about/alaska-fisheries-science-center、https://www.fisheries.noaa.gov/resource/data/alaska-groundfish-diet-data和https://www.fisheries.noaa.gov/alaska/ecosystems/ecosystem-status-reports-gulf-alaska-bering-sea-and-aleutian-islands）。

由于研究模拟的海洋酸化施加的影响物种为软体动物、虾类和蟹类，大多生活在底层，因此使用模型模拟的未来海水底层pH数据，下载自世界气候研究计划的网站（World Climate Research Programme，WCRP，https://esgf-node.llnl.gov/search/cmip6/），为NOAA地球流体力学实验室GFDL-ESM4模型对2015—2100年全球海水pH的模拟结果，该模型使用了CMIP6中的两种极端共享社会经济情景（shared social-economic pathways，SSP）的预估结果，SSP1-2.6和SSP5-8.5，代表了两种极端形式，其中SSP中的1-5分别代表了可持续、中等、局部、不均衡和常规发展，2.6和8.5即辐射强迫强度（张丽霞等，2019；Van Vuuren et al., 2012），这两种情景模式预估结果分别代表了未来海洋酸化发生的最缓和和最剧烈的情况。数据的时间分辨率为月，将其进行平均成年，空间分辨率为1°×1°，选取东白令海大陆架区域的站点再次进行平均作为当年海域的pH大小。

4.1.2 渔业生态系统模拟研究介绍

（1）Ecopath模型

Ecopath模型是通过定义由一系列生物学和生态学上特征相似的功能组并结合食物网的相关关系模拟生态系统能量流动过程的模型（Christensen et al., 2000）。根据食物网相关原理，每个能量组的能量输入和输出应保持平衡，即：生产量 - 死亡量（包括捕捞和自然死亡率两种）- 产出量 = 0，每一个功能组的能量流动可以用以下公式进行描述（李云凯等，2014）：

$$B\left(\frac{P}{B}\right)EE = B\left(\frac{Q}{B}\right)DC + EX$$

式中，B、P和Q分别为功能组的资源量、生产量和消耗量，EE为功能组的营养转换效率，DC为食物组成矩阵，EX为产出量，本研究中设为捕捞量，这些参数中B、$\frac{P}{B}$、$\frac{Q}{B}$和EE这四项可以有一个未知数，通过模型计算得到，后两项为必须输入的参数（Lee et al., 2010）。

研究中共将海域的物种分成29个功能团，将主要鱼种单独作为功能团拿出分析（图4-1和表4-1），单独拿出的主要鱼种功能团的历年产量占阿拉斯加专属经济区总产量的80%左右（基于Seaaround us的数据，http://www.seaaroundus.org/），其中阿拉斯加狭鳕由于成鱼和幼鱼（小于2龄）食性完全不同，因此分开分析。相关参数见表4-1来源文献（Aydin et al., 2002；2007；宋兵和陈立侨，2007）。通过调试相关参数后，得到平衡模型，相关参数和食物网结构见图4-1和表4-1。

（2）Ecosim模型

Ecosim模型是在Ecopath模型的基础上，通过加以环境或捕捞上的扰动在一定模拟时间内资源量、捕捞量和生态系统变化的模型（姜涛等，2007；宋兵和陈立侨，2007；Christopher et al., 2013）。研究中，海洋酸化对物种的影响表现为对物种的额外自然死亡率（M_{pH}），M_{pH}计算的经验公式来源于Marshall等（2017）：

$$M_{pH}=\frac{(pH-8)\,S}{10}$$

其中，S为相对生存标量，其中蟹类：S=0.7；软体动物：S=0.9；虾类：S=0.45，分别代入未来（2015—2100年）海洋酸化最缓和和最剧烈的两种情景（SSP1-2.6和SSP5-8.5）下的东白令海大陆架区域海水表层年平均pH数据对蟹类、软体动物和虾类的额外死亡率。

（3）模拟研究

通过Ecosim模型，拟解决以下几个问题：第一，未来海洋酸化和捕捞的共同作用下对东白令海大陆架水域渔业生态系统带来怎样的影响；第二，未来海洋酸化和捕捞因素对东白令海水域的主要渔业资源的共同作用有着怎样的方式；第三，如何调整捕捞能力以应对海洋酸化对渔业资源和渔业生态系统的影响。对于这些问题我们采取以下的模拟研究分析：

1）在海洋酸化和捕捞的共同作用下生物资源和生态系统的变化

假设未来的捕捞活动按照2005—2014年的平均模式进行，带入Ecosim模型对未来（2015—2100年）的情况进行模拟，观察结果中生物资源量（主要渔业生物）、产量、生态系统相关参数（营养级、多样性指数）的变化。

2）海洋酸化和捕捞因素对主要渔业资源资源量的模拟分析

选取海域主要的渔业资源：阿拉斯加狭鳕、太平洋鳕鱼、底层鱼类、中上层鱼类、虾类和蟹类。分别模拟以下几种情景：

表4-1　2005—2014年东白令海大陆架海域渔业生态系统模型（Ecopath）及相关参数

功能组	产量（t/km^2）	资源量（t/km^2）B	生产量/资源量（$year^{-1}$）P/B	消耗/资源量（$year^{-1}$）Q/B	生产量/消耗量（$year^{-1}$）P/Q	营养级间传递效率 EE	营养级
哺乳动物	0.000 0	0.002 0	0.030 0	11.530 0	0.002 6	0.000 0	3.786 7
狭鳕（2岁以上）*	2.454 5	25.140 0	0.500 0	2.640 0	0.189 4	0.507 7	3.346 3
狭鳕（2岁以下）*	0.000 0	16.510 0	2.500 0	8.333 3	0.300 0	0.390 1	3.078 8
太平洋鳕鱼*	0.482 9	1.820 7	0.500 0	2.040 0	0.245 1	0.834 9	3.576 7
狭鳞庸鲽*	0.006 7	0.322 6	0.400 0	2.490 0	0.160 6	0.051 8	4.107 7
格陵兰大菱鲆*	0.006 2	0.042 8	0.400 0	2.040 0	0.196 1	0.964 9	3.846 6
牙鲆*	0.038 0	0.904 9	0.400 0	2.920 0	0.137 0	0.124 7	3.792 5
平头鲽*	0.013 0	0.866 1	0.400 0	2.560 0	0.156 3	0.205 9	3.408 1
黄鰭鳎*	1.676 6	4.830 0	0.400 0	2.960 0	0.135 1	0.900 0	3.148 2
岩鲽*	1.051 7	4.022 7	0.400 0	3.600 0	0.111 1	0.886 1	3.200 7
阿拉斯加海鲽*	0.032 4	1.063 5	0.400 0	2.490 0	0.160 6	0.786 9	3.094 1
鳐*	0.145 5	0.988 6	0.400 0	2.560 0	0.156 3	0.368 1	3.902 1
杜父鱼类*	0.061 5	0.716 8	0.400 0	2.560 0	0.156 3	0.677 1	3.570 8
剑鱼*	0.010 4	0.537 3	0.400 0	2.490 0	0.160 6	0.048 5	4.272 1

续表

功能组	产量（t/km²）	资源量（t/km²）B	生产量/资源量（year⁻¹）P/B	消耗/资源量（year⁻¹）Q/B	生产量/消耗量（year⁻¹）P/Q	营养级间传递效率 EE	营养级
平鲉类*	0.002 0	0.071 9	0.400 0	2.490 0	0.160 6	0.068 6	3.439 3
堪察加拟石蟹*	0.003 1	0.145 9	1.000 0	5.000 0	0.200 0	0.869 2	2.587 9
雪蟹*	0.000 5	0.255 0	1.000 0	5.000 0	0.200 0	0.924 6	2.594 0
红帝王蟹*	0.013 1	0.188 9	0.600 0	5.000 0	0.120 0	0.194 8	2.867 3
虾类	0.000 9	20.853 0	2.040 0	10.200 0	0.200 0	0.900 0	2.180 3
其他底层生物	0.000 0	56.000 0	1.373 0	11.226 0	0.122 3	0.278 9	2.0551
头足类	0.002 0	0.394 9	3.200 0	10.670 0	0.299 9	0.980 0	3.741 8
软体动物	0.007 0	3.851 6	9.320 0	23.300 0	0.400 0	0.950 0	2.131 5
蟹类	0.033 0	2.230 0	3.500 0	12.000 0	0.291 7	0.748 1	2.146 6
表层鱼类	0.132 9	3.508 8	0.800 0	3.650 0	0.219 2	0.900 0	3.179 3
底层鱼类	0.010 0	2.238 4	0.875 0	2.000 0	0.437 5	0.921 0	3.184 2
浮游动物	0.000 0	50.000 0	5.500 0	22.000 0	0.250 0	0.435 4	2.262 6
桡足类	0.000 0	70.000 0	6.000 0	22.000 0	0.272 7	0.917 1	2.000 0
浮游植物	0.000 0	20.000 0	170.000 0			0.626 1	1.000 0
碎屑	0.000 0	492.000 0				0.476 9	1.000 0

注：表中*表示单独的物种拿出作为功能团。

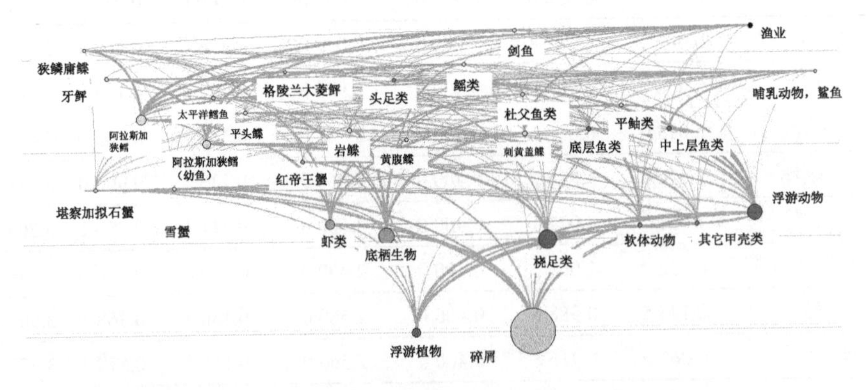

图4-1 研究构建的东白令海大陆架海域渔业生态系统示意图

情景1：无海洋酸化和无渔业产生死亡率；

情景2：无海洋酸化，只有渔业产生死亡率；

情景3：SSP1-2.6模式的海洋酸化产生的物种死亡率，无渔业产生死亡率；

情景4：SSP5-8.5模式的海洋酸化产生的物种死亡率，无渔业产生死亡率；

情景5：SSP1-2.6模式的海洋酸化产生的物种死亡率，有渔业产生死亡率；

情景6：SSP5-8.5模式的海洋酸化产生的物种死亡率，有渔业产生死亡率。

其中捕捞活动假设按照2005—2014年的平均情况进行。求得模拟的前20年（2015—2034年）和后20年（2081—2100年）的平均资源量之差，通过情景2～6相对情景1的变化百分比分析海洋酸化和捕捞活动对海域渔业资源的共同影响。定义两种不同因素对资源量产生的变化为a和b，他们结合产生的共同效应为I，当a和b正负不同，则共同影响I为对立效应；当a和b正负相同，I>a+b时，则I为A型协同效应，即在结合食物网因素后两者还会对资源量产生额外的效应，I<a+b时，则I为B型协同效应，结合食物网因素会降低渔业和海洋酸化的共同效应。

3）应对策略模拟

为了探究海洋酸化下渔业该如何调整捕捞活动以应对海洋酸化的影响。研究拟采取以下三种应对策略模拟情景进行分析：

应对策略情景1：关闭海洋酸化直接影响的相关渔业，即甲壳类和软体动物渔业；

应对策略情景2：在应对策略情景1的基础上，通过前面模拟分析找出通过食物网间接产生负影响的渔获物种，将其捕捞死亡率下降25%；

应对策略情景3：在应对策略情景1的基础上，通过前面模拟分析找出通过食物网间接产生负影响的渔获物种，将其捕捞死亡率下降50%。

通过比较不同情景下的总资源量、甲壳类和软体动物、底层和中上层渔业资源资源量以及总产量来对不同情景进行分析。

4.2 渔业生态系统模拟结果

4.2.1 未来海洋酸化的时间变化

未来海域的pH下降在两种情景下有着明显的不同（图4-2）：SSP1-2.6情景下，有明显下降趋势只发生在2050年前，到了2050年以后pH的变动趋势区域平缓，海水pH年平均下降0.000 5个单位，2100年与2015年相比海水pH总体下降了0.051 7个单位；而SSP5-8.5情景下，2015—2100年间海水pH一直存在明显的下降趋势，年平均下降0.004 4个单位，2100年与2015年相比海水pH总体下降0.358 9个单位。

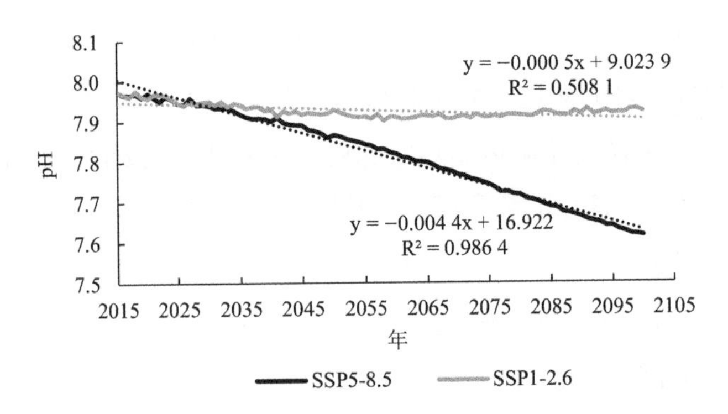

图4-2 两种情景模式（SSP1-2.6和SSP5-8.5）下2015—2100年东白令海大陆架海域底层pH变动情况

4.2.2 海洋酸化下渔业资源资源量及生态系统变动

（1）资源量变动

总体上，SSP1-2.6情景和SSP5-8.5情景海域总渔业资源量的影响都是下降的，2100年与2015年相比，两种情景分别会使得总资源量下降1.5%（SSP1-2.6情景）和2.7%（SSP5-8.5情景，图4-3a）；不同渔业资源的资源量变化趋势表现不同，但是两种情景造成的趋势基本相同，例如两种情景都会使得阿拉斯加狭鳕、太平洋鳕鱼、虾类、蟹类和软体动物的资源量下降（图4−3），但是会使得中上层渔获种类的资源量上升，2100年与2015年相比，两种情景分别使得中上层渔获种类的资源量上升了0.74%（SSP1-2.6情景）和2.7%（SSP5-8.5情景，图4−3e）；另外SSP1-2.6情景下底层渔获种类的资源量变化不大，而2100年与2015年相比SSP5-8.5情景下底层渔获种类的资源量下降了0.43%；对资源量下降的渔获物种进行比较，2100年与2015年相比，SSP1-2.6情景下阿拉斯加狭鳕、太平洋鳕鱼、虾类、蟹类和软体动物的资源量分别下降了2.9%、1.65%、1.78%、11.35%和1.3%；SSP5-8.5情景下阿拉斯加狭鳕、太平洋鳕鱼、虾类、蟹类和软体动物的资源量分别下降了6.31%、2.75%、4.17%、26.80%和7.30%，两种情景都表现出蟹类的资源量受到海洋酸化的影响为最严重的，另外阿拉斯加狭鳕也受到了较为严重的影响，在SSP1-2.6情景下其资源量下降比虾类和软体动物还要高。

（2）产量变动

总体上，SSP1-2.6情景和SSP5-8.5情景海域总产量的影响都是下降的，2100年与2015年相比，两种情景分别会使得总产量下降2.47%（SSP1-2.6情景）和5.25%（SSP5-8.5情景，图4−4a）；除了中上层渔获的产量会增加以外，其他渔业的产量都会下降，其中2100年与2015年相比，两种情景分别使得中上层渔获种类的产量上升了1.25%（SSP1-2.6情景）和3.34%（SSP5-8.5情景，图4−4e）；对产量下降的渔获物种进行比较，2100年与2015年相比，SSP1-2.6情景下阿拉斯加狭鳕、太平洋鳕鱼、底层渔获种类、虾类、蟹类和软体动物的产量分别下降了2.66%、1.51%、2.45%、1.77%、18.03%和1.48%；SSP5-8.5情景下阿拉斯加狭鳕、太平洋鳕鱼、底层渔获种类、虾类、蟹类和软体动物的产量分别下降了6.07%、2.61%、5.98%、4.10%、39.43%和7.47%（图4−4），下降情况基本与资源量的变动情况相同（图4−3），唯一差异在于SSP1-2.6情形下的底层渔获种类的资源量保持稳定而产量下降，这来源于研究归纳的底层渔获物包含了多个物种（表4−1），不同种类的捕捞情况不同；另外两种情景也都表现出蟹类的产量受到海洋酸化的影响是最为严重的。

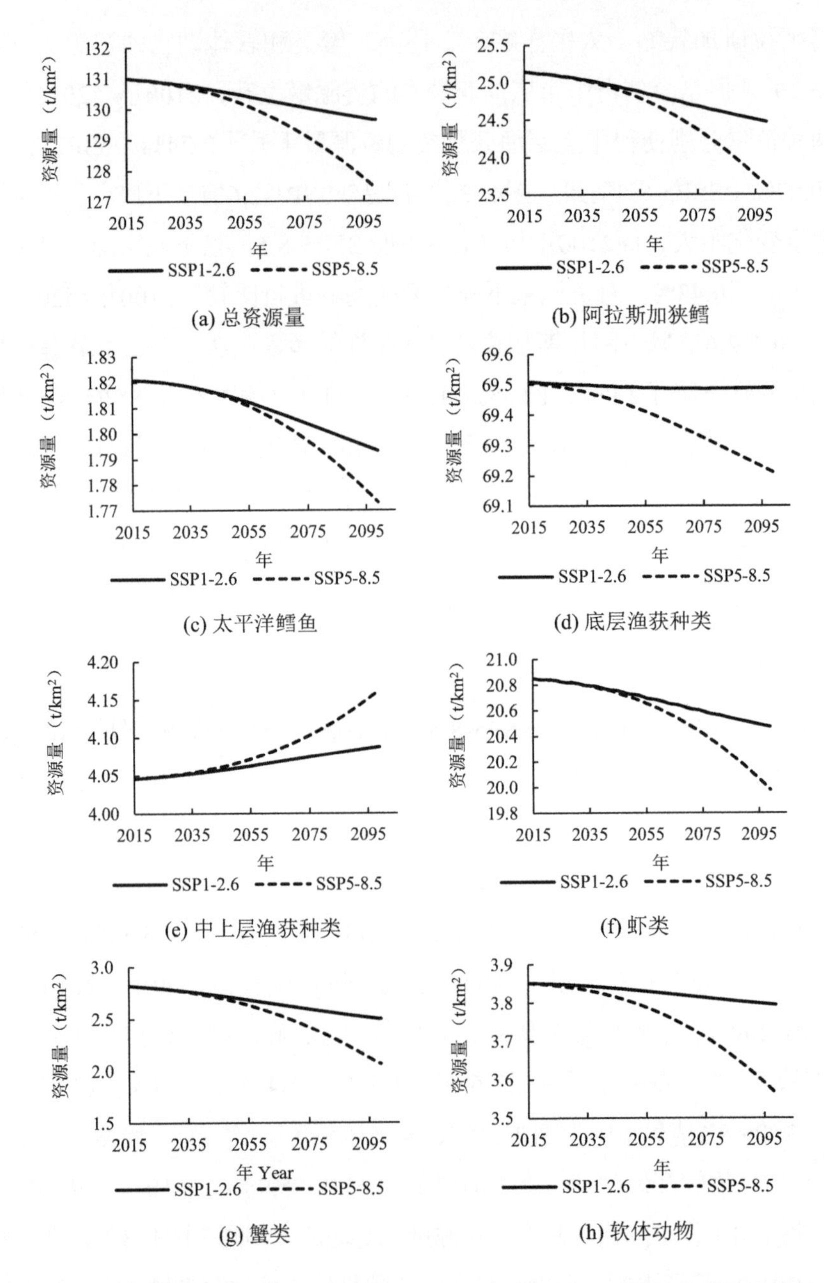

图4-3 海洋酸化下2015—2100年东白令大陆架海域渔业资源资源量变动情况

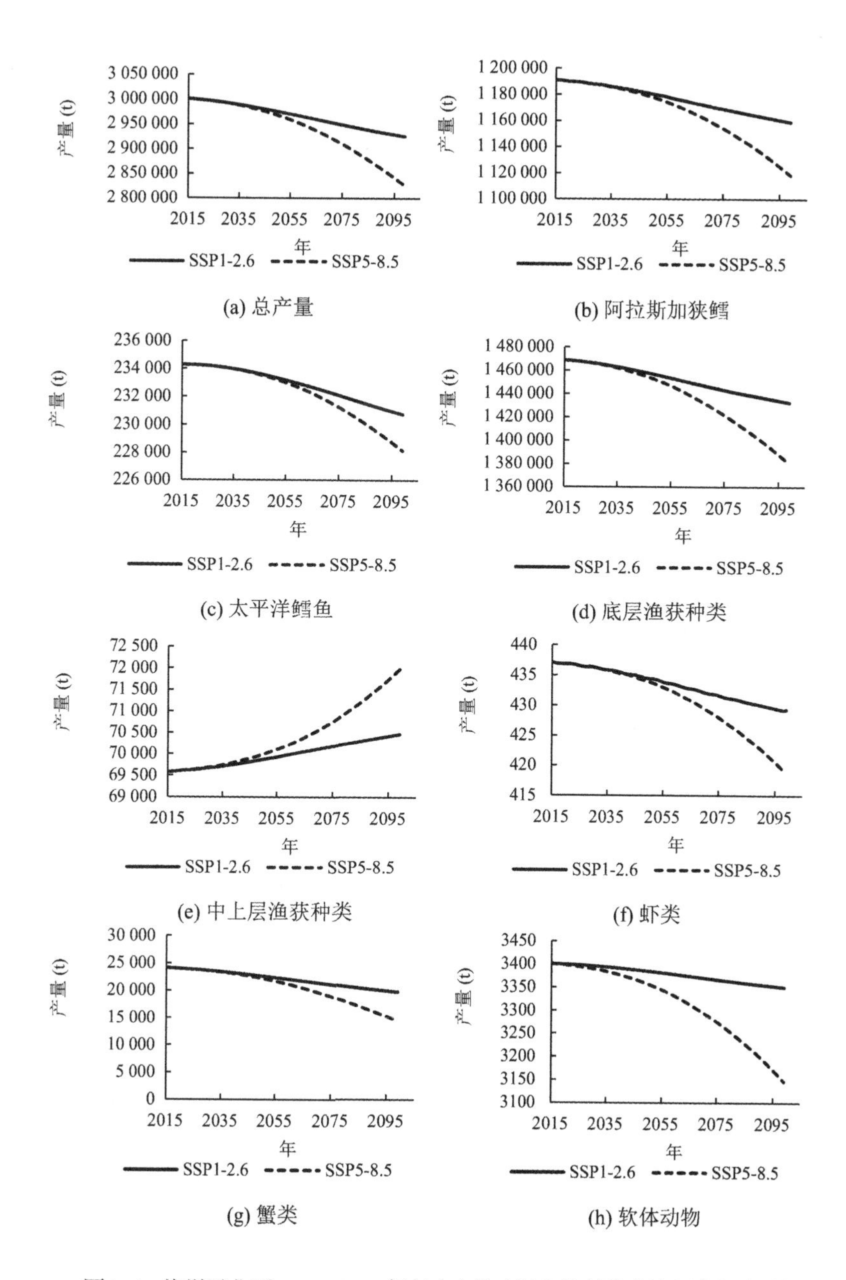

(a) 总产量

(b) 阿拉斯加狭鳕

(c) 太平洋鳕鱼

(d) 底层渔获种类

(e) 中上层渔获种类

(f) 虾类

(g) 蟹类

(h) 软体动物

图4-4 海洋酸化下2015—2100年东白令海大陆架海域渔业资源产量变动情况

3）渔业生态系统变动

从群落多样性指数上看（图4-5），两种情景都会使得群落多样性指数下降，但是下降程度不大；渔获物的平均营养级略有上升（图4-6），这来源于渔获组成中低等级（Ⅱ级，主要是蟹类和软体动物）渔获物的大量减少（表4-2），而Ⅲ级的物种捕捞量只略有下降；从资源量上看（表4-2），Ⅱ级的物种资源量下降程度比捕捞量低，这来源于同为Ⅱ级的浮游动物和桡足类生物的增加，Ⅲ级的物种资源量略有下降；而Ⅳ级的物种资源量是下降最多的，总体上存在随着营养级的下降资源量下降幅度变低的趋势，这表明了海洋酸化带来的海域整体生态系统结构的改变。

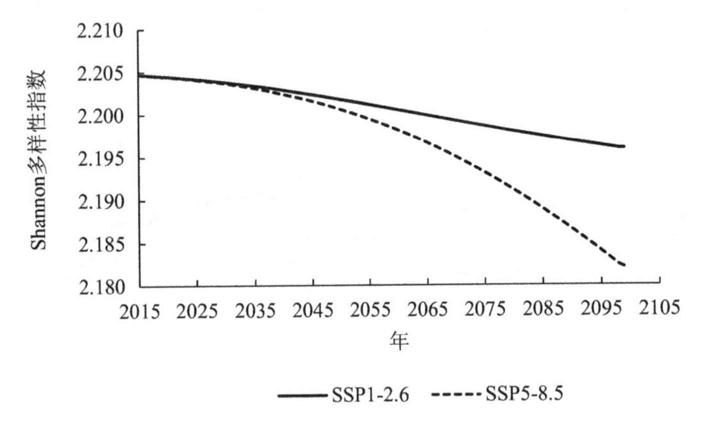

图4-5 海洋酸化下2015—2100年东白令海大陆架海域群落多样性指数变动情况

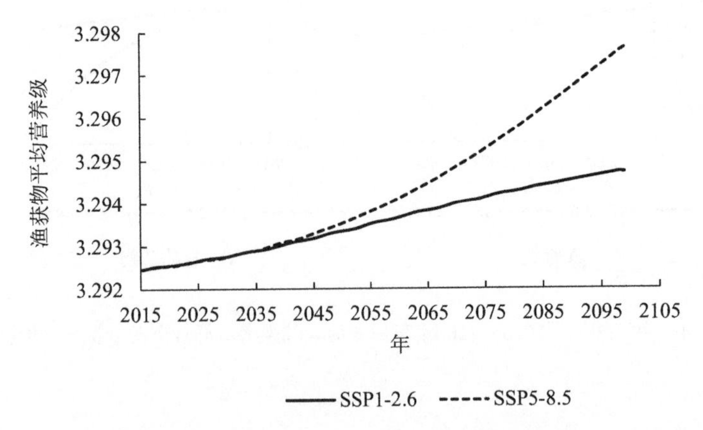

图4-6 海洋酸化下2015—2100年东白令海大陆架海域渔获物平均营养级变动情况

表4-2　海洋酸化下东白令海大陆架海域生态系统各营养级捕捞量和资源量分布（2081—2100年与2015—2034年差值）

情景	类型	Ⅰ	Ⅱ	Ⅲ	Ⅳ
SSP1-2.6	资源量	0.25%	−0.28%	−1.09%	−2.59%
	捕捞量	–	−14.80%	−1.95%	−2.61%
SSP5-8.5	资源量	0.70%	−0.52%	−2.41%	−5.26%
	捕捞量	–	−30.99%	−4.26%	−5.30%

4.2.3　海洋酸化和捕捞因素对资源量的影响分析

在没有渔业和海洋酸化作用下（情景1），海域的总资源量增加，除了阿拉斯加狭鳕和蟹类的资源量略有减少以外（分别为0.08%和1.85%），其他种类（太平洋鳕鱼、底层渔获物、中上层渔获物、虾类和软体动物）的资源量分别表现为增加；只包含渔业作用的情景2下（表4−3），渔业会降低阿拉斯加狭鳕和蟹类资源量的减少效应，但是相对于情景1，对总资源量和其他种类减少了它们的增加效应，最终除了中上层渔获物和软体动物资源量略有增多以外，总资源量和其他种类资源量表现为减少；只包含海洋酸化的情景中（表4−3），SSP1-2.6和SSP5-8.5情景对应的情景3和情景4对总渔业资源资源量和各种类的影响方式相同，除了会增加中上层渔获物资源量以外，对于总渔业资源资源量和其他种类资源量有减少的效应，同样最终的资源量变动情况也是只有中上层渔获物的资源量增加，另外，SSP5-8.5情景（情景4）的影响程度要高于SSP1-2.6情景（情景3）；在渔业和海洋酸化共同作用的情景5和情景6中（表4−3），与情景1相比，渔业和SSP1-2.6情景的共同作用下（情景5），对除中上层渔获物资源量的总资源量都有着减少的效应：使得原先都为增加的情形变为减少，减少的情形更为加剧，而对于中上层渔获物的资源量，情景5对于其资源量的增加低于情景1，因此表现为负，在渔业和SSP5-8.5情景的共同作用下（情景6），其表现形式与情景5相同，但是对于中上层鱼类，情景6对资源量的增加效应要高于情景1，因此表现为正。通过对比情景5的效应和情景2与情景3相加之效应，研究发现，渔业和SSP1-2.6情景下的海洋酸化对于总渔业资源资源量呈现A型协同的负效应，即结合食物网因素后还会产生额外的负效应，同样对于太平洋鳕鱼和软体动物也表现为这种效应，对底层渔获物、虾类和蟹类的资源量呈现B型协同负效应，即结合食物网因素会降低渔业和海洋酸化的共同效应，对阿拉斯加狭鳕和中上层渔获物的资源量呈现对立效应最终表现为负影响；在SSP5-8.5的情景下，总渔业资源资源量呈现A型协同的负效应，同样对于太平洋鳕鱼和软体动物也表现为这种效应，对底层渔获物、虾类和蟹类的资源量呈现B型协同负效应，对阿拉斯加狭鳕的资源量呈现对立效应最终表现为负效应，对中上层渔获物的资源量则呈现对立效应最终表现为正效应。

表4-3 不同情景模拟下东白令海大陆架海域渔业资源资源量变动（2081—2100年与2015—2034年的差值）相对于情景1（没有渔业和海洋酸化作用）的变化

情景	描述	总渔业资源资源量	阿拉斯加狭鳕	太平洋鳕鱼	底层渔获物	中上层渔获物	虾类	软体动物	蟹类
情景2	只有渔业	−5.49%	0.09%	−10.93%	−9.20%	−1.00%	−0.28%	−1.01%	1.85%
情景3	只有海洋酸化（SSP1-2.6）	−0.77%	−1.99%	−0.76%	−0.07%	0.73%	−1.50%	−1.07%	−11.83%
情景4	只有海洋酸化（SSP5-8.5）	−2.01%	−4.21%	−1.57%	−0.59%	1.88%	−3.21%	−5.11%	−25.73%
情景5	渔业+海洋酸化（SSP1-2.6）	−6.34%	−2.09%	−12.17%	−9.22%	−0.17%	−1.76%	−2.23%	−7.56%
情景6	渔业+海洋酸化（SSP5-8.5）	−7.57%	−4.54%	−12.94%	−9.54%	1.15%	−3.43%	−6.66%	−19.10%
情景2+情景3		−6.27%	−1.90%	−11.68%	−9.27%	−0.27%	−1.78%	−2.08%	−9.97%
情景2+情景4		−7.50%	−4.12%	−12.50%	−9.78%	0.88%	−3.48%	−6.12%	−23.88%

4.3 应对策略模拟研究

4.3.1 应对策略情景1

在只关闭直接影响的物种的渔业（即甲壳类和软体动物渔业）时（图4−7），可以看到，在两种情景下，随着年份的增加，海域的总资源量呈现逐年下降的趋势（图4−7a），软体动物和甲壳类的资源量在2030年以前其变化较小，当海洋酸化继续加剧后，呈现下降趋势（图4-7b），可见关闭资源量甲壳类和软体动物渔业带来的捕捞死亡率的减少已经不足以抵消海洋酸化带来的死亡率，同样的底层渔业资源资源量也为下降趋势（图4-7c）；只有中上层渔业资源的资源量在逐年上升（图4-7d）。同样总产量也呈现了逐年下降的趋势（图4-8）。

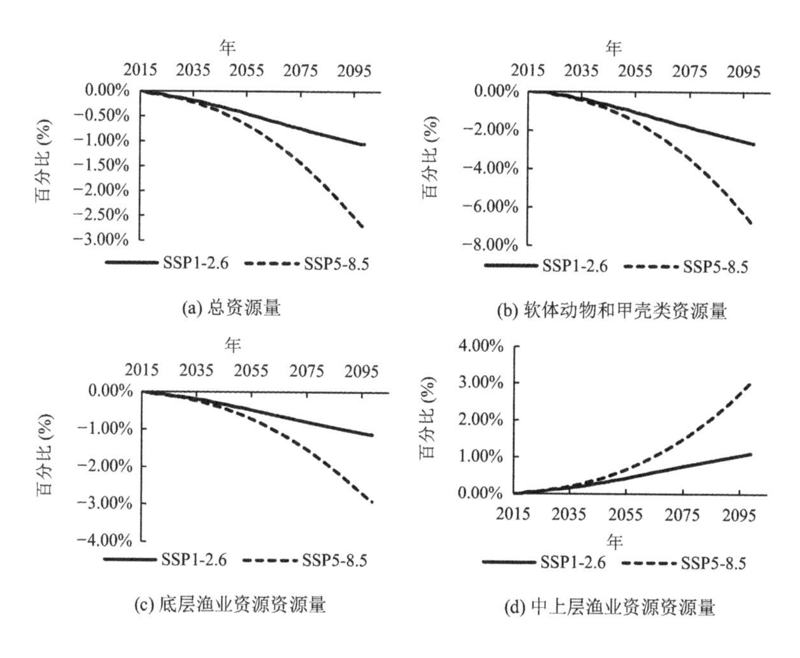

图4-7　甲壳类和软体动物渔业后2015—2100年东白令海大陆架区域相关渔业资源量变化（相对于2015年）

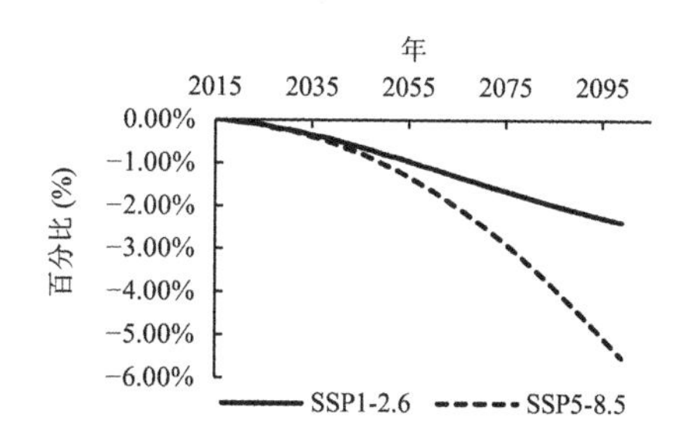

图4-8　甲壳类和软体动物渔业后2015—2100年东白令海大陆架区域渔业总产量变化（相对于2015年）

4.3.2 应对策略情景2

在减少海洋酸化间接产生负影响的渔获物种的捕捞死亡率25%时，2055年以前，SSP1-2.6和SSP5-8.5情景的变动趋势基本相同，对于总资源量（图4−9a），其变动趋势为先下降1%左右，在0～1%范围内上下波动；软体动物和甲壳类资源量呈现波动下降的趋势（图4−9b），在2035年以前的一些年份，资源量还会有所增加；底层渔业资源资源量的变动趋势基本与总资源量的变动趋势相同（图4−9c）；而对于中上层渔业资源，在开始的几年中资源量上升了2%，随后缓慢波动上升（图4−9d）；在2055年后（图4−9），海洋酸化对总资源量、软体动物和甲壳类资源量和底层渔业资源资源量的加剧下降效应才开始显现；同样也加剧了中上层鱼类资源量的上升，其中SSP5-8.5情景的加剧效应要高于SSP1-2.6情景（图4−9d）。

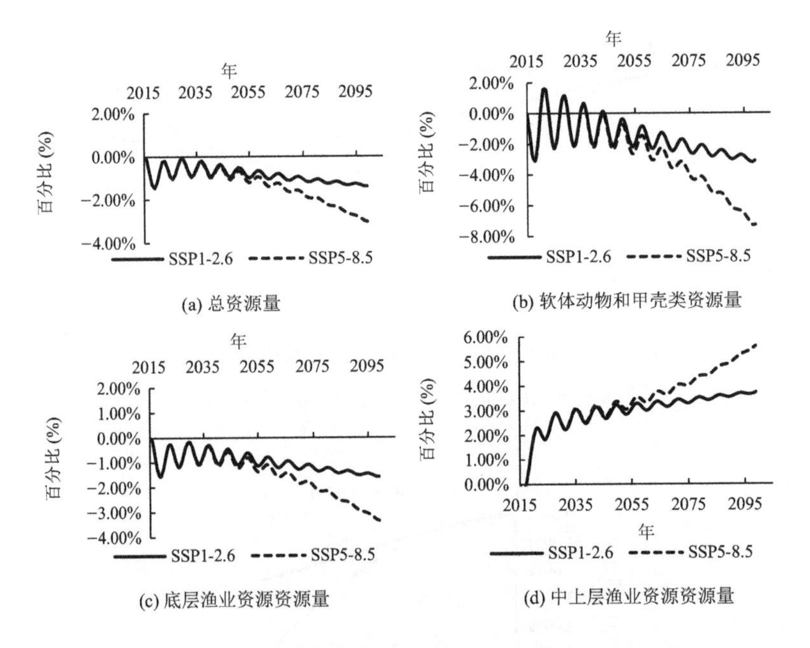

图4−9 应对策略2情景下2015—2100年东白令海大陆架区域相关渔业资源量变化（相对于2015年）

总产量上（图4-10），2055年以前，SSP1-2.6和SSP5-8.5情景的变动趋势基本相同，在开始的几年中总产量迅速上升了10%，随后保持波动变化，在2055年以后，海洋酸化对总产量的下降效应才开始显现，其中SSP5-8.5情景的下降效要高于SSP1-2.6情景，另外历年的总产量保持在高于2015年的水平。

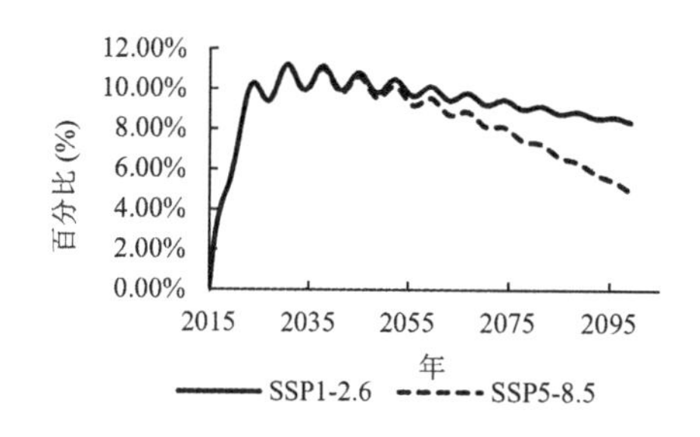

图4-10 关闭应对策略2情景下2015—2100年东白令海大陆架区域渔业总产量变化（相对于2015年）

4.3.3 应对策略情景3

在减少海洋酸化间接产生负影响的渔获物种的捕捞死亡率50%时，2055年以前，SSP1-2.6和SSP5-8.5情景的变动趋势基本相同，对于总资源量（图4-11a），其变动趋势为下降了2%左右，随后上升至1%左右波动变化；软体动物和甲壳类资源量呈现波动下降的趋势（图4-11b），在2043年以前的一些年份，资源量还会有所增加；底层渔业资源生物量的变动趋势基本与总资源量的变动趋势相同（图4-11c）；而对于中上层渔业资源，在开始的几年中资源量上升了3.45%，随后缓慢波动上升（图4-11d）；在2055年后（图4-11），海洋酸化对总资源量、软体动物和甲壳类资源量和底层渔业资源资源量的加剧下降效应才开始显现，但是对比于情景2，SSP1-2.6情景下总资源量虽然是处于波动下降的状态，但是直至2100年，总资源量要高于2015年的水平，而SSP5-8.5情景下海域的总资源量直到2070年海域的总资源量才会低于2015年的水平（图4-11a），同样的，中上层鱼类资源量也开始加剧上升，其中SSP5-8.5情景的加剧效应要高于SSP1-2.6情景（图4-11d）。

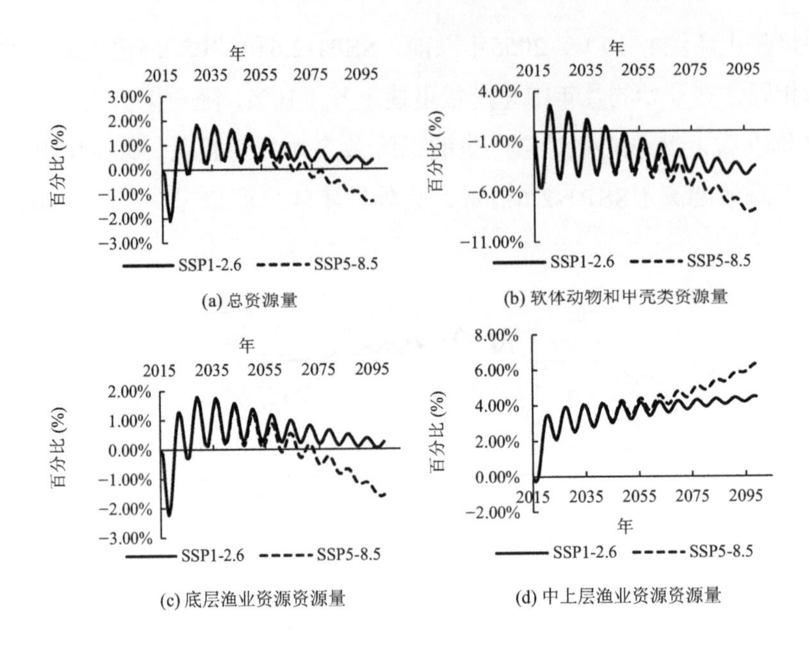

图4−11 应对策略3情景下2015—2100年东白令海大陆架区域相关渔业资源量变化（相对于2015年）

总产量上（图4−12），2055年以前，SSP1-2.6和SSP5-8.5情景的变动趋势基本相同，在2030年总产量达到了峰值，上升了19.59%，随后保持波动变化，在2055年以后，海洋酸化对总产量的下降效应才开始显现，其中SSP5-8.5情景的下降效应要高于SSP1-2.6情景，SSP1-2.6情景下，在随后45年还保持较为缓慢的变动趋势，另外历年的总产量保持在高于2015年的水平。

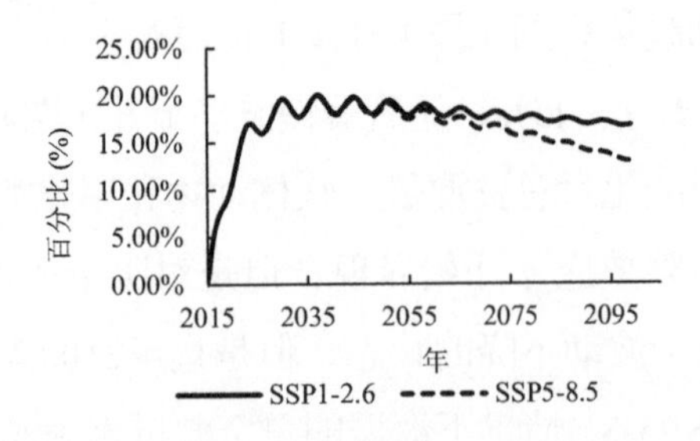

图4−12 关闭应对策略3情景下2015—2100年东白令海大陆架区域渔业总产量变化（相对于2015年）

4.4 渔业生态系统模拟结果分析

研究通过Ecopath模拟了东白令海大陆架水域的渔业生态系统，并通过Ecosim模型将海洋酸化造成的额外死亡率加入以模拟生物量和生态系统的变化，研究加入的额外死亡率主要作用在受海洋酸化影响的甲壳类和软体动物上，可以看到海洋酸化造成的这两种大类物种的变动最终也会反映到渔业生态系统的其他生物上去，对生态系统也存在影响，结果体现了海洋酸化对渔业生态系统造成的深远影响。

对于不同的物种，海洋酸化的影响不同。不管是产量还是资源量上，海洋酸化造成对蟹类的影响是最大的（图4-3g和图4-4g），2100年与2015年相比，未来的海洋酸化可能造成海域蟹类渔业资源下降11.65%～26.80%，总产量下降18.03%～39.43%，海洋酸化不仅会对蟹类的钙化造成影响（Gibson et al., 2011），同时还会影响到蟹类的胚胎孵化和发育过程（任志明等, 2017；Christopher et al., 2018；Glandon et al., 2013；Miller et al., 2009；Whiteley et al., 2011），是被认为最容易受到海洋酸化影响的种类之一。同样可以看到阿拉斯加狭鳕资源也会受到来自酸化的负影响（图4-3b和图4-4b），阿拉斯加狭鳕是目前海域产量最高的渔业资源种类，年产量在90万t以上（图3-1，根据Seaaround us网站数据）。研究发现，阿拉斯加狭鳕的减少主要是来源于其饵料生物虾类的减少，模拟结果发现，只发生海洋酸化时（情景3和情景4）资源量下降1.99%～4.21%，而目前的渔业情况（情景2）只会略微增加阿拉斯加狭鳕的资源量（0.09%，表4-3），两个因素对阿拉斯加狭鳕的影响为对立效应，但是由于海洋酸化造成的下降效应较强，最终阿拉斯加狭鳕的资源量减少。而中上层生物的资源量和产量有所增加，通过食物网的关系我们发现主要来自于其捕食者如阿拉斯加狭鳕和太平洋鳕鱼的减少，虽然中上层鱼类（如鲱鱼）也会食用一些虾类等生物，但是其90%以上的食物组成来源于浮游动物和桡足类，研究未将海洋酸化的影响施加到这两个种类上，其次它们为低营养级的生物，资源量大，受到海洋酸化效应的影响不明显，因此中上层鱼类受到海洋酸化的影响有所增加；另外通过研究底层鱼类的结果我们还发现，食物组成较为复杂的鱼类（如平头鲽和鳐类）受到海洋酸化影响较小，而食物组成较为简单且以软体动物或甲壳类为主食的鱼类（如岩鲽，36%的食物为蟹类）受到海洋酸化影响较大。另外，本研究发现软体动物和虾类资源量受到海洋酸化的风险相对于蟹类要小，有不少报告发现在海洋酸化下食物来源较多能增加物种对海洋酸化的适应能力（Hettinger et al., 2013；Ramajo et al., 2016），研究中该海域的软体动物和虾类主要摄食海域丰富的浮游动植物和桡足类（图4-1），因此软体动物和虾类资源量减少程度要比蟹类低。

海洋酸化对生态系统也会造成影响。对于东白令海大陆架生态系统，海洋酸化的作用下群落多样性指数会下降但是下降的程度不大（图4-5），体现生态系统自身的稳定性。但是从资源量和捕捞量在营养级上的分布研究发现（表4-2）按照现有的捕捞方式和能力，捕捞结构中低营养级（II级）的生物捕捞量会大量下降，而III级捕捞量则略有下降，使得渔获物的平均营养级略有上升（图4-6）；资源量上，研究发现随着营养级的下降资源量下降幅度变低（表4-2），即随着海洋酸化加剧，整体的生态系统资源量还是往低营养级偏移的模式（高营养级生物资源量减少得多，低营养级生物资源量减少得少）；此外，通过底层渔获种类和中上层渔获种类资源量处于相反的变动趋势也可以看出海洋酸化还会带来生态系统结构上的变动，可以推测，如果海洋酸化情况继续恶化对物种造成更大的额外死亡率的时候，海洋酸化对生态系统的影响会更为明显的表现出来。

研究海洋酸化对生物资源的影响时，捕捞和食物网因素不可忽视。研究发现捕捞加上食物网的效应对生物资源量的变动影响多样（表4-3），总体上，除了SSP5-8.5情景下的中上层渔获资源，捕捞和海洋酸化的共同影响下东白令海大陆架的渔业资源都表现为下降趋势，但是捕捞和海洋酸化的作用大小不同：例如对于太平洋鳕鱼，捕捞的效应（−10.93%）明显大于海洋酸化的效应（−1.57%～−0.76%），而对于软体动物的资源量，捕捞的效应（−1.01%）低于海洋酸化的效应（−5.11%～−1.07%），对于蟹类，捕捞会对其资源量变动产生正效应（1.85%），但是海洋酸化对其资源量变动产生较大负效应（−25.73%～−11.83%），最终对蟹类资源的生物量产生了极大的负效应，另外，对于总资源量，目前的捕捞效应（−5.49%）也是要大于两种海洋酸化的影响（−2.01%～−0.77%），这表明了渔业应对海洋酸化可以在捕捞结构和捕捞死亡率上进行调整。捕捞和海洋酸化可能是协同的，食物网因素可能加剧对资源量的负效应（如太平洋鳕鱼和软体动物，A型协同负效应），也有可能减缓捕捞与海洋酸化的共同负效应（如虾类和蟹类，A型协同负效应）；同样捕捞和海洋酸化也有可能是对立的关系（如中上层鱼类），捕捞对单一生物的影响不仅能通过作业获取利用渔业资源而直接增加死亡率，也能够通过增加其饵料生物的捕捞而间接增加其捕食者的死亡率，此外若对捕食者捕捞较多，由于密度制约效应则会降低其被捕食者的死亡率（Griffith et al., 2011，2012），同样，海洋酸化带来的影响也可能参照捕捞这种模式。

通过应对策略模拟，研究发现，如果仅着眼于直接受到海洋酸化影响的物种是不够的，关闭软体动物和虾蟹类渔业只能暂时减缓海洋酸化对资源的影响，对于软体动物和虾蟹类渔业的资源量，2030年以前其变化接近于0，但是随着海洋酸化的加剧，资源在2030年以后开始呈现下降的趋势（图4−7b），接近于0表现了目前对这些种类的捕捞死亡率实际上是很微小的，而对于其他渔业，如底层渔业资源的资源量，海洋酸化影响到了作为它们饵料生物的资源量（软体动物和虾蟹类），因此从2015年开始就呈现出下降的趋势（图4−7c）。而除了减少直接影响的物种以外，减少海洋酸化间接产生负影响的渔获物种的捕捞死亡率带来的良好效果则可以看出对生物资源量和渔获量的稳定作用：两种情景下的资源量和捕捞量（图4−9至图4−12）在2055年以前都保持着相同变动的波动趋势，其中中上层鱼类资源量，减少捕捞死亡率至50%时，2055年以前，总资源量和底层渔获物资源量相对于2015年还要高（图4−11a和图4−11c），而软体动物和甲壳类渔业的资源量也呈现波动下降的趋势（图4−11b）；在2055年以后海洋酸化的作用才显现，总体捕捞死亡率下降50%的效果要优于25%，其中SSP1-2.6情景下总资源量虽然是处于波动下降的状态，但是直至2100年，总资源量要高于2015年的水平，而SSP5-8.5情景下海域的总资源量直至2070年海域的总资源量才会低于2015年的水平；相应的总捕捞量在开始的年份迅速增加，其中总体捕捞死亡率下降50%的效果要优于25%（图4－10和图4－12），随后在2055年前存在波动的情况，海洋酸化对总捕捞量的风险也要在2055年之后才有所体现，其中SSP1-2.6情景下，总体捕捞死亡率下降50%时，总捕捞量在随后45年还保持较为缓慢的变动趋势。

这些分析表明了，在海洋酸化下，渔业能够通过调整捕捞死亡率进行应对，同时要注重海洋酸化直接影响的物种以及通过食物网间接影响的物种。实际操作中，需根据不同物种的反应，具体减少捕捞死亡率，虽然会带来捕捞量的下降，但是在后续几年由于资源自身的恢复能力，资源量上升能够补偿捕捞死亡率下降带来的影响，且捕捞量增加，这种方式下通过对生态系统中海洋酸化相关联生物的养护，降低捕捞死亡率来补偿海洋酸化带来的死亡率，能够延缓海洋酸化对海洋生物及海洋生态系统的影响，保持海洋生态系统的稳定。

本研究的应对策略情景还处于初步阶段，后续的研究应该对物种更加的细化，首先通过单一物种分析了解海洋酸化对某个物种的具体影响，再通过生态模型进行模拟分析，设定相应的目标选择具体的捕捞死亡率来应对未来海洋酸化造成的影响。

第5章　结论与展望

5.1　主要结论

海洋酸化是目前备受人们关注的全球性问题。其中海洋酸化对海洋生物及生态系统的影响是目前热点的研究内容之一。海洋酸化与渔业资源关系密切。海洋酸化对物种的影响多样，物种本身也对海洋酸化存在着复杂的响应；上升到渔业生态学层面，海洋酸化可能造成渔业种群崩溃，群落和生态系统结构变化，同时给渔业经济和社会带来不利的影响，渔业资源变动关系密切。为此，本研究首先从宏观入手，进行海洋酸化情况下全球各国专属经济区捕捞产业潜在风险评估；继而选取渔业受海洋酸化影响较为严重的区域（东白令海大陆架海域）作为研究对象，结合观测数据，描述该区域近年来海洋酸化的时空变化趋势；其次分析海洋酸化下主要物种的空间上的变动及资源丰度的变动；最后结合生态系统模型分析结合捕捞因素后海洋酸化下海域生态系统及各种类渔业受影响程度大小，并进行应对策略分析。研究可以为渔业科学及管理者研究海洋酸化乃至气候变化对渔业的影响及相应的应对策略研究提供相应的逻辑和理论框架。

研究的主要结论为：

（1）海洋酸化情况下全球各国专属经济区海洋捕捞产业潜在风险评估。利用气候模型预测的两种情景下（共享社会经济路径情景；SSP1-2.6情景和SSP5-8.5情景，分别代表了未来海洋酸化发生的最缓和和最剧烈的情况）2050—2054年海水表层pH数据，及全球沿海国产量、社会经济上与捕捞产业的相关指标，构建了海洋酸化情况下全球各国专属经济区海洋捕捞产业潜在风险评估模型，对21世纪中叶（2050—2054年）全球各国专属经济区海洋捕捞产业受到的潜在风险进行评估。风险评估模型包括了与海洋酸化相关的危害度，与捕捞产量及捕捞结构相关的暴露度，以及与社会、经济和渔业产业适应能力相关的脆弱度。研究结果表明，在未来的海洋酸化发展下，发展水平较高的低脆弱度的国家和地区可能会受到极低至中等的风险；发展水平较低的高脆弱度的国家和地区可能会受到中等至高等的风险；捕捞量较大及产量结构中含有较高的软体动物和甲壳类的高暴露度的国家和地区会受到中等至高等的风险。不同的国家应该依据各国不同的渔业特征制定自己的应对策略。研究表明，海洋酸化下的捕捞产业的潜在风险主要还是来源于捕捞结构、经济因素以及渔业产业对产业结构和产能变化时的适应能力。

（2）东白令海大陆架水域海洋酸化时空变动规律及影响因素。研究以文石饱和度（Ω_{ar}）作为海洋酸化指标，结合时空因子（年、月、经纬度）、海表面温度（SST）、海表面盐度（SSS）和叶绿素a浓度（Chl-a）等数据建立Ω_{ar}的拟合模型，研究1998—2014年间东白令海大陆架表层水域海洋酸化时空变化规律及其影响因素。研究表明，1998—2014年间，东白令海大陆架水域Ω_{ar}值的年间下降趋势不明显，主要表现为波动，其海水酸化的变动主要是受到季节性环境事件动态（海冰动态、河流淡水汇入、生物因素等）的年间差异所控制；Ω_{ar}值随月份的变动为：3—4月下降，5月激增，随后缓慢下降，其中在3—4月和10月海水Ω_{ar}值较低时，容易发生海洋酸化现象；空间上，由近岸向外海，海洋酸化的程度先减小后上升，在大陆架内部水域，海洋酸化的主要影响因素包括了河流淡水输入、海冰动态和生物因素的影响；外部水域的影响因素包括了人类二氧化碳排放量逐年增加及海流动态；海洋环境因子SST、SSS和Chl-a能够在一定程度上代表影响海洋酸化程度的环境原因。分析表明，东白令海大陆架海域海洋酸化变动在时空上存在差异，受多种因素的控制。

（3）海水pH变动对东白令海大陆架区域渔业资源栖息地变动的关系。基于1982—2014年东白令海大陆架底层拖网的调查数据及底层海水pH数据，利用相关性分析和适宜性指数模型，分析目前海洋酸化的变动下，海域中147个物种（鱼类、甲壳类和软体动物）的空间分布及栖息地（分布重心和栖息地面积）的变化。研究发现，东白令海大陆架海域底层pH的空间分布呈现从近岸到外海逐渐降低的趋势，2005—2014年与1982—1991年相比，海域的底层pH下降了0～0.07个单位，其中内部水域下降的幅度较大，而外海和北部区域pH下降幅度较小，鱼类、甲壳类和软体动物的栖息地pH也是逐年下降的，这分别导致了研究中28.78%的鱼类、34.48%的甲壳类和15.38%的软体动物分布重心的改变，其中大多数种类都是往pH下降程度较低的外海和北部偏移；同时，目前底层海水pH的下降还会影响研究中19.70%的鱼类、27.58%的甲壳类和32.69%的软体动物栖息地面积的变动。通过分析物种的适宜性指数曲线的分布形式，发现了四种形式：①适应性指数存在着一定范围；②随着pH下降，适应性指数上升；③下降；④开始下降缓慢随后下降迅速。研究发现要分析pH变动下的渔业资源栖息地变化，尤其要关注物种的pH适宜范围。

（4）海水pH变动对东白令海大陆架海域渔业资源丰度变动的关系。研究基于1982—2014年东白令海大陆架底层拖网的调查数据，以海水pH变动作为海洋酸化的指标，利用动态回归模型对其中70个种类（包括鱼类、甲壳类和软体动物）的资源丰度与pH变动的关系进行探究。模型发现，在所研究的鱼类、软体动物和甲壳类中，分别对应27.78%、36.84%和33.33%的种类资源丰度变化受到海水pH变动的影响；对受到影响的物种进行分析发现，pH变动对各物种资源丰度的影响也存在着种类的差异性，其中对软体动物（不包含头足类）和甲壳类均易产生负影响；物种资源丰度在pH下降时的反应不同，包含了上升、下降和先上升后下降3种类型；pH的变动可通过所处海域pH大小的变化以及pH变动改变鱼种适宜栖息地范围对物种资源丰度产生影响。

（5）海洋酸化下东白令海大陆架海域渔业生态系统模拟研究。研究首先结合东白令海大陆架海域的实际食物网情况（捕食和被捕食关系），利用Ecopath模型构建2005—2014年海域相应的渔业生态系统；并使用Ecosim模型模拟海洋酸化带来的甲壳类和软体动物额外死亡率的情况下，2015—2100年海域渔业资源的资源量及其对应的渔业产量的变化、生态系统上的变化；从受影响的渔业资源出发，模拟该如何调整捕捞策略（捕捞死亡率）以维持渔业及生态系统的稳定。研究发现，除了中上层渔获种类的资源量和捕捞量，海洋酸化对该生态系统的总资源量和总捕捞量及其他渔业资源的资源量和捕捞量都存在下降的趋势，其中海洋酸化对蟹类的影响最为严重，2100年与2015年相比，未来的海洋酸化可能造成海域蟹类的资源量下降11.35%～26.80%，总产量下降18.03%～39.43%；海洋酸化还会带来海域生物多样性的减少，渔获物的平均营养级增加但整体生态系统资源量往低营养级偏移的模式（高营养级生物资源量减少的多，低营养级生物资源量减少的少），表明生态系统群落结构在海洋酸化下正在发生改变；捕捞因素和海洋酸化对生物的效应可能是对立的，也可以是协同的，协同效应中，由于食物网因素（捕食和被捕食关系），两者的结合可能加剧（如太平洋鳕鱼和软体动物）对资源量的负效应或减缓对资源量的负效应（如虾类和蟹类）；应对策略分析表明，在海洋酸化下，渔业能够在一定程度上通过调整捕捞死亡率进行应对，同时要注重海洋酸化直接影响的物种以及通过食物网间接影响的物种，通过降低捕捞死亡率来补偿海洋酸化带来的死亡率，这样能够延缓海洋酸化对海洋生物及海洋生态系统的影响，保持海洋生态系统的稳定。

综上所述，海洋酸化对各沿海国渔业的影响随着其捕捞结构、经济因素以及渔业产业对产业结构和产能变化时的适应能力而异。在东白令海大陆架水域，目前已经发生了海洋酸化的情况。对该海域的渔业资源进行分析发现，物种的空间分布和资源丰度的时间变化受海洋酸化影响随种类而异，随着其适宜pH的范围的不同而异，其中软体动物和甲壳类最容易受到海域酸化的影响；结合生态系统食物网因素后，海洋酸化会通过食物网因素对其他种类造成影响，将捕捞因素和海洋酸化相结合，它们呈现对立和协同两种效应；另外海洋酸化还可能造成生态系统群落结构的改变。研究发现，渔业科学及产业在应对海洋酸化上，应做到以下几个方面：①加强科学研究。科学研究不仅包括单鱼种方面的研究还包括了多物种生态系统层面上的研究，以了解在海洋酸化下哪些种类容易受到影响，从而能够指导渔业捕捞上该如何调整捕捞结构（如捕捞努力量或捕捞死亡系数）以在一定的目标下降低对海洋酸化的暴露度；渔业在进行应对时，同时要注重海洋酸化直接影响的物种以及通过食物网间接影响的物种，实际操作中，需根据不同物种的反应，具体减少捕捞死亡率，虽然这会带来捕捞量的下降，但是在后续几年由于资源自身的恢复能力，资源量上升能够补偿捕捞死亡率下降带来的影响，捕捞量增加，这种方式下通过对生态系统中海洋酸化相关联生物的养护，降低捕捞死亡率来补偿海洋酸化带来的死亡率，能够延缓海洋酸化对海洋生物及海洋生态系统的影响，保持海洋生态系统的稳定。②经济层面上，减少对捕捞甲壳类和软体动物类产品的依赖性，转而发展相应的水产养殖业。③社会层面及适应性上，发展国家整体的经济，加强教育，提升就业率及就业的可选择性。④对海洋酸化的动态持续监测，监测的重点包括了海水酸化参数（如pH）的变化及物种的反应，从而能够及时地调整适宜的策略。

5.2 主要创新点

（1）建立了海洋酸化下的渔业产业风险评价模型。在全球范围内对海洋酸化下专属经济区的捕捞业受到的潜在风险进行了评估。

（2）对东白令海大陆架海域的渔业资源和渔业生态系统，从海域海洋酸化的变动情况开始，到物种的空间分布、资源丰度变动及生态系统和渔业受到的影响进行了系统分析，该分析能为后续研究海洋酸化乃至其他气候变化对渔业及渔业资源的影响提供系统的理论框架。

5.3 存在的问题和展望

（1）只考虑海洋酸化一个气候变化因子，但是实际上物种还受到多种气候变化的共同作用，不同物种可能不同因子占主导，今后应该一起考虑以模拟实际的情况。

（2）海洋酸化对物种的影响不一样，在生态系统模型中，研究只是基于经验公式进行模拟，后续应该把海洋酸化对物种生活史参数及资源量影响的相关实验和模拟研究结果量化成对物种的死亡率代入生态模型进行分析。

（3）研究仅考虑海洋酸化单个因子或结合捕捞因素对东白令海大陆架水域渔业资源和生态系统的影响，但是还未考虑更高层面的经济社会因素。后续应该加入利用评估模型进一步分析。

参考文献

曹树金, 吴育冰, 韦景竹, 等. 知识图谱研究的脉络、流派与趋势——基于SSCI与CSSCI期刊论文的计量与可视化[J/OL]. 中国图书馆学报, 2015, 41(5):16-34

陈芃, 陈新军, 陈长胜, 等. 基于文献计量的全球海洋酸化研究状况分析[J]. 生态学报, 2018, 38(10): 3368-3381.

陈芃. 东南太平洋秘鲁鳀渔情预报研究[D]. 上海海洋大学, 2017.

陈新军, 刘必林, 田思泉, 等. 利用基于表温因子的栖息地模型预测西北太平洋柔鱼（*Ommastrephes bartramii*）渔场[J]. 海洋与湖沼, 2009, 40(6):707-713.

陈新军. 渔业资源经济学[M]. 北京: 中国农业出版社, 2004:25-27.

陈新军. 渔业资源与渔场学[M]. 北京: 海洋出版社, 2014: 1-200.

丁琪. 全球海洋渔业资源可持续利用及脆弱性评价[D]. 上海海洋大学, 2017.

官文江, 陈新军, 高峰, 等. GLM模型和回归树模型在CPUE标准化中的比较分析[J]. 上海海洋大学学报, 2014, 23(1):123-130.

侯剑华. 工商管理学科演进与前沿热点的可视化分析[D]. 大连理工大学, 2009.

黄硕琳, 唐议. 渔业法规与渔政管理[M]. 北京: 中国农业出版社, 2010, 1-30.

姜涛, 刘玉, 李适宇, 等. 南海北部大陆架海洋生态系统Ecosim模型的动态模拟[J]. 中山大学学报（自然科学版）, 2007, 46(4): 108-112.

李云凯, 刘恩生, 王辉, 等. 基于Ecopath模型的太湖生态系统结构与功能分析[J]. 应用生态学报, 2014, 25(7): 2033-2040.

刘必林, 陈新军. 渔业资源生物学实验[M]. 北京: 科学出版社, 2017: 40-70.

刘红红, 朱玉贵. 气候变化对海洋渔业的影响与对策研究[J]. 现代农业科技, 2019(10):244-247.

刘洪军, 张振东, 官曙光, 等. 海洋酸化效应对海水鱼类的综合影响评述[J]. 生态学报, 2012, 32(10): 3233-3239.

刘健. 国外元数据研究前沿与热点可视化探讨[D]. 南京大学, 2013.

刘峤, 李杨, 段宏, 等. 知识图谱构建技术综述[J]. 计算机研究与发展, 2016, 53(3): 582-600.

庞杰. 知识流动理论框架下的科学前沿与技术前沿研究[D]. 大连理工大学, 2011.

邱均平, 王曰芬. 文献计量内容分析法[M]. 北京: 国家图书馆出版社, 2008:1-405.
曲明辉. 基于动态回归模型的组合模型研究[D]. 大连海事大学, 2016.
任志明, 詹萍萍, 母昌考, 等. CO_2驱动海洋酸化对三疣梭子蟹（*Portunus trituberculatus*）幼蟹甲壳结构和组成成分的影响[J]. 海洋与湖沼, 2017, 48(1):198-205.
沈国英, 黄凌风, 郭丰, 等. 海洋生态学（第三版）[M]. 科学出版社, 2010: 49.
宋兵, 陈立侨. Ecopath with Ecosim在水生生态系统研究中的应用[J]. 海洋科学, 2007(1):85-88.
苏杭, 陈新军, 汪金涛. 海表水温变动对东、黄海鲐鱼栖息地分布的影响[J]. 海洋学报, 2015, 37(6):88-96.
苏巍. 海州湾海域鱼类群落多样性及其与环境因子的关系[D]. 中国海洋大学, 2014.
孙恒, 高众勇. 白令海CO_2源汇与控制因素研究进展[J]. 极地研究, 2018, 30(1):118-125.
孙吉亭. 中国海洋渔业可持续发展研究[D]. 中国海洋大学, 2003.
汤银才. R语言与统计分析[M]. 北京: 高等教育出版社, 2008: 262-263
唐启升, 陈镇东, 余克服, 等. 海洋酸化及其与海洋生物及生态系统的关系[J]. 科学通报, 2013, 58(14):1307-1314.
汪金涛, 陈新军. 中西太平洋鲣鱼渔场的重心变化及其预测模型建立[J]. 中国海洋大学学报(自然科学版), 2013(08):48-52.
王琪. 撰写文献综述的意义、步骤与常见问题[J]. 学位与研究生教育, 2010, (11): 49-52.
王易帆, 陈新军. 西北太平洋柔鱼产卵场时空分布及最适水温范围的推测[J]. 上海海洋大学学报, 2019, 28(3): 448-455.
王震. 基于水箱试验的南极磷虾环境耐受性研究[D]. 上海海洋大学, 2017.
肖启华, 黄硕琳. 气候变化对海洋渔业资源的影响[J]. 水产学报, 2016, 40(7): 1089-1098.
许友卿, 刘永强, 丁兆坤. 海洋酸化对水生动物免疫系统的影响及机理[J]. 水产科学, 2017, 36(2): 243.
许友卿, 王宏雷, 刘永强, 等. 海洋酸化对水生动物骨骼和耳石钙化、生长发育的影响与机理[J]. 水产科学, 2016, 35(6):741-746.
杨香帅, 邹晓荣, 徐香香, 等. ENSO现象对东南太平洋智利竹筴鱼资源丰度及其渔场变动的影响[J]. 上海海洋大学学报, 2019, 28(2): 290-297.
叶史芬, 林维钊, 任志明, 等. 海洋酸化对蟹类影响的研究进展[J]. 水生生物学报, 2020, 44(4):920-928.

余为, 陈新军, 易倩. 不同气候模态下西北太平洋柔鱼渔场环境特征分析[J]. 水产学报, 2017, 41(4):48-57.

詹秉义. 渔业资源评估[M]. 北京：中国农业出版社, 1995, 1-52.

张成龙, 黄晖, 黄良民, 等. 海洋酸化对珊瑚礁生态系统的影响研究进展[J]. 生态学报, 2012, 32(05):1606-1615.

张海波, 叶林安, 卢伍阳, 等. 海洋酸化对渔业资源的影响研究综述[J]. 环境科学与技术, 2019, 42(S1):50-56.

张丽霞, 陈晓龙, 辛晓歌. CMIP6情景模式比较计划(ScenarioMIP)概况与评述[J]. 气候变化研究进展, 2019, 15(5):519-525.

张怡晶. 海州湾及邻近海域大型无脊椎动物群落结构及多样性的时空变化[D]. 中国海洋大学, 2013.

赵一洁. 基于CiteSpace的建筑业职业安全健康研究现状与趋势[D]. 重庆大学, 2014.

钟伟金, 李佳, 杨兴菊. 共词分析法研究 (三)——共词聚类分析法的原理与特点[J]. 情报杂志, 2008, 27(7): 118-120.

钟伟金, 李佳. 共词分析法研究(一)——共词分析的过程与方式[J]. 情报杂志, 2008, (5): 70-72.

Allan B J M, Miller G M, McCormick M I, et al., Parental effects improve escape performance of juvenile reef fish in a high-CO_2 world[J]. Proceedings of the Royal Society of London B: Biological Sciences, 2014, 281(1777): 20132179.

Allison E H, Perry A L, Badjeck M C, et al., Vulnerability of national economies to the impacts of climate change on fisheries[J]. Fish and Fisheries, 2009, 10(2): 173-196.

Anderson D R, Burnham K P, White G C. Comparison of Akaike information criterion and consistent Akaike information criterion for model selection and statistical inference from capture-recapture studies[J]. Journal of Applied Statistics, 1998, 25(2): 263-282.

Askren D R. Holocene stratigraphic framework, southern Bering Sea continental shelf[D]. University of Washington, 1972.

Aydin K Y, Lapko V V, Radchenko V I, et al., A comparison of the eastern Bering and western Bering Sea shelf and slope ecosystems through the use of mass-balance food web models[R]. NOAATechnicalMemorandum, 2002, 49-69.

Aydin K, Gaichas S, Ortiz I, et al., A comparison of the Bering Sea, Gulf of Alaska, and Aleutian Islands large marine ecosystems through food web modeling[R]. 2007, 1-280.

Bakun A. Climate change and ocean deoxygenation within intensified surface-driven upwelling circulations[J]. Philosophical Transactions of the Royal Society A: Mathematical, Physical and Engineering Sciences, 2017, 375(2102): 20160327.

Bakun A. Patterns in the ocean: ocean processes and marine population dynamics[M]. California Sea Grant, in cooperation with Centro de InvestigacionesBiologicas del Noroeste, La Paz, Mexico, 1996.

Barton A, Hales B, Waldbusser G G, et al., The Pacific oyster, *Crassostrea gigas*, shows negative correlation to naturally elevated carbon dioxide levels: Implications for near-term ocean acidification effects[J]. Limnology and Oceanography, 2012, 57(3): 698-710.

Bates N R, Mathis J T, Jeffries M A. Air-sea CO_2 fluxes on the Bering Sea shelf[J]. Biogeosciences, 2011, 8(5):1237-1253.

Bates N R, Orchowska M I, Garley R, et al., Summertime calcium carbonate undersaturation in shelf waters of the western Arctic Ocean how biological processes exacerbate the impact of ocean acidification[J]. Biogeosciences, 2013, 10(8): 5281.

Bellerby R G J. Oceanography: Ocean acidification without borders[J]. Nature Climate Change, 2017, 7(4): 241-242.

Beniash E, Ivanina A, Lieb N S, et al., Elevated level of carbon dioxide affects metabolism and shell formation in oysters *Crassostrea virginica*[J]. Marine Ecology Progress Series, 2010, 419: 95-108.

Biastoch A, Treude T, Rüpke L H, et al., Rising Arctic Ocean temperatures cause gas hydrate destabilization and ocean acidification[J]. Geophysical Research Letters, 2011, 38(8), L08602.

Bignami S, Sponaugle S, Cowen R K. Effects of ocean acidification on the larvae of a high-value pelagic fisheries species, mahi-mahi *Coryphaena hippurus*[J]. Aquatic Biology, 2014, 21(3): 249-260.

Bignami S, Sponaugle S, Cowen R K. Response to ocean acidification in larvae of a large tropical marine fish, *Rachycentron canadum*[J]. Global Change Biology, 2013, 19(4): 996-1006.

Branch T A, DeJoseph B M, Ray L J, et al., Impacts of ocean acidification on marine seafood[J]. Trends in Ecology & Evolution, 2013, 28(3): 178-186.

Bromhead D, Scholey V, Nicol S, et al., The potential impact of ocean acidification upon eggs and larvae of yellowfin tuna (*Thunnus albacares*)[J]. Deep Sea Research Part II: Topical Studies in Oceanography, 2015, 113: 268-279.

Brown Z W, Arrigo K R. Sea ice impacts on spring bloom dynamics and net primary production in the Eastern Bering Sea[J]. Journal of Geophysical Research Oceans, 2013, 118(1):43-62.

Busch D S, McElhany P. Estimates of the direct effect of seawater pH on the survival rate of species groups in the California current ecosystem[J]. PLoS One, 2016, 11(8): e0160669.

Byrne M, Przeslawski R. Multistressor impacts of warming and acidification of the ocean on marine invertebrates' life histories[J]. Integrative and Comparative Biology, 2013, 53(4): 582-596.

Cai W J, Hu X P, Huang W J, et al., Acidification of subsurface coastal waters enhanced by eutrophication[J]. Nature Geoscience, 2011, 4(11): 766-770.

Caldeira K, Wickett M E. Anthropogenic carbon and ocean pH[J]. Nature, 2003, 425(6956): 365-365.

Caldeira K, Wickett M E. Ocean model predictions of chemistry changes from carbon dioxide emissions to the atmosphere and ocean[J]. Journal of Geophysical Research: Oceans, 2005, 110(C0904): 1-12.

Chan N C S, Connolly S R. Sensitivity of coral calcification to ocean acidification: a meta-analysis[J]. Global Change Biology, 2013, 19(1): 282-290.

Chen C, Gao G, Zhang Y, et al., Circulation in the Arctic Ocean: Results from a high-resolution coupled ice-sea nested Global-FVCOM and Arctic-FVCOM system[J]. Progress in Oceanography, 2016, 141: 60-80.

Chen C, Ibekwe-SanJuan F, Hou J. The structure and dynamics of cocitation clusters: A multiple-perspectivecocitation analysis[J]. Journal of the Association for Information Science and Technology, 2010, 61(7): 1386-1409.

Chen C, Morris S. Visualizing evolving networks: Minimum spanning trees versus pathfinder networks[C]. IEEE Symposium on Information Visualization 2003 (IEEE Cat. No. 03TH8714). IEEE, 2003: 67-74.

Chen C. CiteSpace II: Detecting and visualizing emerging trends and transient patterns in scientific literature[J]. Journal of the Association for Information Science and Technology, 2006, 57(3): 359-377.

Chen L, Gao Z. Spatial variability in the partial pressures of CO_2 in the northern Bering and Chukchi seas[J]. Deep Sea Research Part II: Topical Studies in Oceanography, 2007, 54(23-26): 2619-2629.

Chen X, Tian S, Liu B, et al., Modeling a habitat suitability index for the eastern fall cohort of *Ommastrephes bartram*ii in the central North Pacific Ocean[J]. Chinese Journal of Oceanology and Limnology, 2011, 29(3): 493-504.

Cheung W W L, Lam V W Y, Sarmiento J L, et al., Large-scale redistribution of maximum fisheries catch potential in the global ocean under climate change[J]. Global Change Biology, 2010, 16(1): 24-35.

Chierici M, Fransson A. Calcium carbonate saturation in the surface water of the Arctic Ocean: undersaturation in freshwater influenced shelves[J]. Biogeosciences, 2009, 6(11): 2421-2431.

Christensen V, Walters C J, Pauly D. Ecopath with Ecosim: a user's guide[M]. University of British Columbia, Fisheries Centre, Vancouver, Canada and ICLARM, Penang, Malaysia, 2000, 1-150.

Christopher L W, Swiney K M, Foy R J. Effects of ocean acidification on the embryos and larvae of red king crab, *Paralithodes camtschaticus*[J]. Marine Pollution Bulletin, 2013, 69(1-2): 38-47.

Cooley S R, Doney S C. Anticipating ocean acidification's economic consequences for commercial fisheries[J]. Environmental Research Letters, 2009, 4(2): 024007.

Cornwall C E, Eddy T D. Effects of near-future ocean acidification, fishing, and marine protection on a temperate coastal ecosystem[J]. Conservation Biology, 2015, 29(1): 207-215.

Couce E, Ridgwell A, Hendy E J. Future habitat suitability for coral reef ecosystems under global warming and ocean acidification[J]. Global Change Biology, 2013, 19(12): 3592-3606.

Dickson A G, Sabine C L, Christian J R. Guide to best practices for ocean CO_2 measurements[M]. North Pacific Marine Science Organization, 2007.

Dixson D L, Jennings A R, Atema J, et al., Odor tracking in sharks is reduced under future ocean acidification conditions[J]. Global Change Biology, 2015, 21(4): 1454-1462.

Dixson D L, Munday P L, Jones G P. Ocean acidification disrupts the innate ability of fish to detect predator olfactory cues[J]. Ecology Letters, 2010, 13(1):68–75.

Dodd L F, Grabowski J H, Piehler M F, et al., Ocean acidification impairs crab foraging behaviour[J]. Proceedings of the Royal Society B: Biological Sciences, 2015, 282(1810): 20150333.

Duarte C M, Hendriks I E, Moore T S, et al., Is ocean acidification an open-ocean syndrome? Understanding anthropogenic impacts on seawater pH[J]. Estuaries and Coasts, 2013, 36(2): 221-236.

Esbaugh A J, Heuer R, Grosell M. Impacts of ocean acidification on respiratory gas exchange and acid–base balance in a marine teleost, *Opsanus beta*[J]. Journal of Comparative Physiology B, 2012, 182(7): 921-934.

Fay G, Link J S, Hare J A. Assessing the effects of ocean acidification in the Northeast US using an end-to-end marine ecosystem model[J]. Ecological Modelling, 2017, 347: 1-10.

Feely R A, Alin S R, Carter B, et al., Chemical and biological impacts of ocean acidification along the west coast of North America[J]. Estuarine, Coastal and Shelf Science, 2016, 183: 260-270.

Feely R A, Doney S C, Cooley S R. Ocean acidification: present conditions and future changes in a High-CO_2 world. Oceanography, 2009, 22(4): 36-47.

Ferrari M C O, Munday P L, Rummer J L, et al., Interactive effects of ocean acidification and rising sea temperatures alter predation rate and predator selectivity in reef fish communities[J]. Global Change Biology, 2015, 21(5):1848-1855.

Ferrari M L, Mccormick M I, Munday P L, et al., Effects of ocean acidification on visual risk assessment in coral reef fishes[J]. Functional Ecology, 2012, 26(3): 553-558.

Field C B. Climate change 2014-Impacts, adaptation and vulnerability: Regional aspects[M]. Cambridge University Press, 2014.

Fietzke J, Ragazzola F, Halfar J, et al., Century-scale trends and seasonality in pH and temperature for shallow zones of the Bering Sea[J]. Proceedings of the National Academy of Sciences, 2015, 112(10), 2960-2965.

Food and Agriculture Organization of the United Nations. The State of World Fisheries and Aquaculture 2018-Meeting the sustainable development goals[M]. Rome: Food and Agriculture Organization of the United Nations. 2018:1-193.

Franke A, Clemmesen C. Effect of ocean acidification on early life stages of Atlantic herring

(*Clupea harengus L.*)[J]. Biogeosciences, 2011, 8: 3697-3707.

Friedrich T, Oschlies A. Basin-scale pCO_2 maps estimated from ARGO float data: A model study[J]. Journal of Geophysical Research: Oceans, 2009, 114(C10), 1-9.

Frommel A Y, Maneja R, Lowe D, et al., Severe tissue damage in Atlantic cod larvae under increasing ocean acidification[J]. Nature Climate Change, 2012, 2(1): 42.

Fulton E A, Parslow J S, Smith A D M, et al., Biogeochemical marine ecosystem models II: the effect of physiological detail on model performance[J]. Ecological Modelling, 2004, 173(4):371-406.

Gattuso J P, Hansson L. Ocean Acidification[M]. Oxford: Oxford University Press, 2011.

Gaylord B, Kroeker K J, Sunday J M, et al., Ocean acidification through the lens of ecological theory[J]. Ecology, 2015, 96(1): 3-15.

Gazeau F, Quiblier C, Jansen J M, et al., Impact of elevated CO_2 on shellfish calcification[J]. Geophysical Research Letters, 2007, 34(7), L07603.

Gibson R, Atkinson R, Gordon J, et al., Impact of ocean warming and ocean acidification on marine invertebrate life history stages: vulnerabilities and potential for persistence in a changing ocean[J]. Oceanography Marine Biology: An Annual Review, 2011, 49: 1-42.

Glandon H L, Kilbourne K H, Schijf J, et al., Counteractive effects of increased temperature and pCO_2 on the thickness and chemistry of the carapace of juvenile blue crab, *Callinectes sapidus*, from the Patuxent River, Chesapeake Bay[J]. Journal of Experimental Marine Biology and Ecology, 2018, 498: 39-45.

Grebmeier J M, Cooper L W, Feder H M, et al., Ecosystem dynamics of the Pacific-influenced northern Bering and Chukchi Seas in the Amerasian Arctic[J]. Progress in Oceanography, 2006, 71(2-4): 331-361.

Griffith G P, Fulton E A, Gorton R, et al., Predicting Interactions among Fishing, Ocean Warming, and Ocean Acidification in a Marine System with Whole-Ecosystem Models[J]. Conservation Biology, 2012, 26(6): 1145-1152.

Griffith G P, Fulton E A, Richardson A J. Effects of fishing and acidification-related benthic mortality on the southeast Australian marine ecosystem[J]. Global Change Biology, 2011, 17(10): 3058-3074.

Guang Y, Robert A K, Kawaguchi S. Behavioural responses of Antarctic krill (*Euphausia superba*) to CO_2-induced ocean acidification: would krill really notice? [J]. Polar Biology,

2018, 41(4):727-732.

Guisan A, Edwards T C, Hastie T. Generalized linear and generalized additive models in studies of species distributions: setting the scene[J]. Ecological Modelling, 2002, 157(2): 89-100.

Gutowska M A, Melzner F, Pörtner H O, et al., Cuttlebone calcification increases during exposure to elevated seawater pCO_2 in the cephalopod Sepia officinalis[J]. Marine Biology, 2010, 157(7): 1653-1663.

Harvey B P, Gwynn-Jones D, Moore P J. Meta-analysis reveals complex marine biological responses to the interactive effects of ocean acidification and warming[J]. Ecology and Evolution, 2013, 3(4): 1016-1030.

Harvey B P, Mckeown N J, Rastrick S P S, et al., Individual and population-level responses to ocean acidification[J]. Science Report, 2016, 6: 20194.

Havenhand J N, Schlegel P. Near-future levels of ocean acidification do not affect sperm motility and fertilization kinetics in the oyster *Crassostrea gigas*[J]. Biogeosciences Discussions, 2009, 6(2): 3009-3015.

Heinrich L, Krause T. Fishing in acid waters: A vulnerability assessment of the Norwegian fishing industry in the face of increasing ocean acidification[J]. Integrated Environmental Assessment and Management, 2017, 13(4): 778-789.

Hendriks I E, Duarte C M, Álvarez M. Vulnerability of marine biodiversity to ocean acidification: a meta-analysis[J]. Estuarine, Coastal and Shelf Science, 2010, 86(2): 157-164.

Hettinger A, Sanford E, Hill T M, et al., The influence of food supply on the response of Olympia oyster larvae to ocean acidification[J]. Biogeosciences, 2013, 10(10), 6629-6638.

Hilborn R. Ecosystem-based fisheries management[J]. Marine Ecology Progress Series, 2004, 274: 275-278.

Hoegh-Guldberg O, Mumby P J, Hooten A J, et al., Coral reefs under rapid climate change and ocean acidification[J]. Science, 2007, 318(5857): 1737-1742.

Hofmann G E, Smith J E, Johnson K S, et al., High-frequency dynamics of ocean pH: a multi-ecosystem comparison[J]. PLoS One, 2011, 6(12): e28983

Hu H, Wang J. Modeling effects of tidal and wave mixing on circulation and thermohaline structures in the Bering Sea: Process studies[J]. Journal of Geophysical Research: Oceans, 2010, 115(C01006), 1-23.

Hu M Y, Sucré E, Charmantier-Daures M, et al., Localization of ion-regulatory epithelia in embryos and hatchlings of two cephalopods[J]. Cell & Tissue Research, 2010, 339(3):571-583.

Hyndman R J, Athanasopoulos G. Forecasting: Principles and Practice[M]. OTexts, 2019, 5(1).

Kamada T, Kawai S. An algorithm for drawing general undirected graphs[J]. Information Processing Letters, 1989, 31(1): 7-15.

Kaplan M B, Mooney T A, McCorkle D C, et al., Adverse effects of ocean acidification on early development of squid (*Doryteuthis pealeii*)[J]. PLoS One, 2013, 8(5): e63714.

Kawaguchi S, Ishida A, King R, et al., Risk maps for Antarctic krill under projected Southern Ocean acidification[J]. Nature Climate Change, 2013, 3(9): 843-847.

Kikkawa T, Ishimatsu A, Kita J. Acute CO_2 tolerance during the early developmental stages of four marine teleosts[J]. Environmental Toxicology, 2003, 18(6): 375-382.

Kitamura S, Ikuta K. Acidification severely suppresses spawning of hime salmon (land-locked sockeye salmon, *Oncorhynchus nerka*)[J]. Aquatic Toxicology, 2000, 51(1): 107-113.

Kleinberg J. Bursty and hierarchical structure in streams[J]. Data Mining and Knowledge Discovery, 2003, 7(4): 373-397.

Koch M, Bowes G, Ross C, et al., Climate change and ocean acidification effects on seagrasses and marine macroalgae[J]. Global Change Biology, 2013, 19(1): 103-132.

Koenigstein S, Dahlke F T, Stiasny M H, et al., Forecasting future recruitment success for Atlantic cod in the warming and acidifying Barents Sea[J]. Global Change Biology, 2018, 24(1), 526-535.

Kroeker K J, Kordas R L, Crim R N, et al., Meta-analysis reveals negative yet variable effects of ocean acidification on marine organisms[J]. Ecology Letters, 2010, 13(11): 1419-1434.

Kroeker K J, Sanford E, Jellison B M, et al., Predicting the effects of ocean acidification on predator-prey interactions: a conceptual framework based on coastal molluscs[J]. Biological Bulletin, 2014, 226(3): 211-222.

Lam V W Y, Cheung W W L, Sumaila U R. Marine capture fisheries in the Arctic: winners or losers under climate change and ocean acidification?[J]. Fish and Fisheries, 2016, 17(2): 335-357.

Land P E, Shutler J D, Findlay H S, et al., Salinity from space unlocks satellite-based assessment of ocean acidification[J]. Environmental Science and Technology, 2015, 4(94): 1987-1994.

Landes A, Zimmer M. Acidification and warming affect both a calcifying predator and prey, but not their interaction[J]. Marine Ecology Progress Series, 2012, 450: 1-10.

Lauvset S K, Gruber N. Long-term trends in surface ocean pH in the North Atlantic[J]. Marine Chemistry, 2014, 162: 71-76.

Leduc A O H C, Roh E, Macnaughton C J, et al., Ambient pH and the response to chemical alarm cues in juvenile Atlantic salmon: mechanisms of reduced behavioral responses[J]. Transactions of the American Fisheries Society, 2010, 139(1): 117-128.

Lee K, Tong L T, Millero F J, et al., Global relationships of total alkalinity with salinity and temperature in surface waters of the world's oceans[J]. Geophysical Research Letters, 2006, 33(19), 1-5.

Lee S I, Aydin K Y, Spencer P D, et al., The role of flatfishes in the organization and structure of the eastern Bering Sea ecosystem[J]. Fisheries science, 2010, 76(3): 411-434.

Lemasson A J, Fletcher S, Hall-Spencer J M, et al., Linking the biological impacts of ocean acidification on oysters to changes in ecosystem services: a review[J]. Journal of Experimental Marine Biology and Ecology, 2017, 492: 49-62.

Leo E, Kunz K L, Schmidt M, et al., Mitochondrial acclimation potential to ocean acidification and warming of Polar cod (*Boreo gadussaida*) and Atlantic cod (*Gadus morhua*)[J]. Frontiers in Zoology, 2017, 14(1): 21.

Livingston P A, Jurado-Molina J. A multispecies virtual population analysis of the eastern Bering Sea[J]. ICES Journal of Marine Science, 2000, 57(2): 294-299.

Lomas M W, Moran S B, Casey J R, et al., Spatial and seasonal variability of primary production on the Eastern Bering Sea shelf[J]. Deep Sea Research Part II: Topical Studies in Oceanography, 2012, 65: 126-140.

Long W C, Pruisner P, Swiney K M, et al., Effects of ocean acidification on the respiration and feeding of juvenile red and blue king crabs (*Paralithodes camtschaticus* and *P.*

platypus)[J]. ICES Journal of Marine Science, 2019, 76(5): 1335-1343.

Long W C, Swiney K M, Harris C, et al., Effects of Ocean Acidification on Juvenile Red King Crab (*Paralithodes camtschaticus*) and Tanner Crab (*Chionoecetes bairdi*) Growth, Condition, Calcification, and Survival[J]. PLos One, 2013, 8(4): e60959.

Maneja R H, Frommel A Y, Geffen A J, et al., Effects of ocean acidification on the calcification of otoliths of larval Atlantic cod *Gadus morhua*[J]. Marine Ecology Progress Series, 2013, 477: 251-258.

Marshall K N, Kaplan I C, Hodgson E E, et al., Risks of ocean acidification in the California Current food web and fisheries: ecosystem model projections[J]. Global Change Biology, 2017, 23(4): 1525-1539.

Mathis J T, Cooley S R, Lucey N, et al., Ocean acidification risk assessment for Alaska's fishery sector[J]. Progress in Oceanography, 2015, 136: 71-91.

Mathis J T, Cross J N, Bates N R. Coupling primary production and terrestrial runoff to ocean acidification and carbonate mineral suppression in the eastern Bering Sea[J]. Journal of Geophysical Research: Oceans, 2011, 116(C2), 1-24.

Mathis J T, Cross J N, Bates N R. The role of ocean acidification in systemic carbonate mineral suppression in the Bering Sea[J]. Geophysical Research Letters, 2011, 38(19), 1-6.

McClanahan T, Allison E H, Cinner J E. Managing fisheries for human and food security[J]. Fish and Fisheries, 2015, 16(1): 78-103.

McCormick M I, Watson S A, Munday P L. Ocean acidification reverses competition for space as habitats degrade[J]. Scientific Reports, 2013, 3: 3280.

McCulloch M, Falter J, Trotter J, et al., Coral resilience to ocean acidification and global warming through pH up-regulation[J]. Nature Climate Change, 2012, 2(8): 623-627.

Melzner F, Gutowska M A, Langenbuch M, et al., physiological basis for high CO_2 tolerance in marine ectothermic animals: pre-adaptation through lifestyle and ontogeny[J]. Biogeosciences Discussions, 2009, 6(3): 2313-2331.

Midorikawa T, Ishii M, Saito S H U, et al., Decreasing pH trend estimated from 25-yr time series of carbonate parameters in the western North Pacific[J]. Tellus B: Chemical and physical Meteorology, 2010, 62(5): 649-659.

Miller A W, Reynolds A C, Sobrino C, et al., Shellfish face uncertain future in high CO_2

world: influence of acidification on oyster larvae calcification and growth in estuaries[J]. PLoS One, 2009, 4(5): e5661

Millero F J, Graham T B, Huang F, et al., Dissociation constants of carbonic acid in seawater as a function of salinity and temperature[J]. Marine Chemistry, 2006, 100(1-2): 80-94.

Monteleone D M, Peterson W T. Feeding ecology of American sand lance *Ammodytes americanus* larvae from Long Island Sound[J]. Marine Ecology Progress Series, 1986, 30: 133-143.

Munday P L, Dixson D L, McCormick M I, et al., Replenishment of fish populations is threatened by ocean acidification[J]. Proceedings of the National Academy of Sciences, 2010, 107(29): 12930-12934.

Nakano Y, Watanabe Y W. Reconstruction of pH in the surface seawater over the North Pacific basin for all seasons using temperature and chlorophyll-a[J]. Journal of Oceanography, 2005, 61(4): 673-680.

Narita D, Rehdanz K, Tol R S J. Economic costs of ocean acidification: a look into the impacts on global shellfish production[J]. Climatic Change, 2012, 113(3-4): 1049-1063.

Otto R S. Eastern Bering Sea crab fisheries[J]. The eastern Bering Sea shelf: oceanography and resources, 1981, 2: 1037-1068.

Parker L M, Ross P M, O'Connor W A, et al., Predicting the response of molluscs to the impact of ocean acidification[J]. Biology, 2013, 2(2): 651-692.

Perry A L, Low P J, Ellis J R, et al., Climate Change and Distribution Shifts in Marine Fishes[J]. Science, 2005, 308(5730): 1912-1915.

Pespeni M H, Sanford E, Gaylord B, et al., Evolutionary change during experimental ocean acidification[J]. Proceedings of the National Academy of Sciences, 2013, 110(17): 6937-6942.

Pilcher D J, Naiman D M, Cross J N, et al., Modeled effect of coastal biogeochemical processes, climate variability, and ocean acidification on aragonite saturation state in the Bering Sea[J]. Frontiers in Marine Science, 2019, 5: 508.

Pistevos J C A, Nagelkerken I, Rossi T, et al., Ocean acidification and global warming impair shark hunting behaviour and growth[J]. Scientific Reports, 2015, 5: 16293.

Popper A N, Lu Z. Structure–function relationships in fish otolith organs[J]. Fisheries

Research, 2000, 46(1):15-25.

Punt A E, Poljak D, Dalton M G, et al., Evaluating the impact of ocean acidification on fishery yields and profits: The example of red king crab in Bristol Bay[J]. Ecological Modelling, 2014, 285: 39-53.

Qi D, Chen L, Chen B, et al., Increase in acidifying water in the western Arctic Ocean[J]. Nature Climate Change, 2017, 7(3):195-199.

Queirós A M, Fernandes J A, Faulwetter S, et al., Scaling up experimental ocean acidification and warming research: from individuals to the ecosystem[J]. Global Change Biology, 2015, 21(1): 130-143.

Ramajo L, Pérez-León E, Hendriks I E, et al., Food supply confers calcifiers resistance to ocean acidification[J]. Scientific Reports, 2016, 6: 19374.

Ries J B, Cohen A L, Mccorkle D C. Marine calcifiers exhibit mixed responses to CO_2-induced ocean acidification[J]. Geology, 2009, 37(12):1131-1134.

Rodrigues L C, van den Bergh J C J M, Ghermandi A. Socio-economic impacts of ocean acidification in the Mediterranean Sea[J]. Marine Policy, 2013, 38: 447-456.

Rosa R, Benbach K, Pimentel M S, et al., Differential impacts of ocean acidification and warming on winter and summer progeny of a coastal squid (*Loligo vulgaris*)[J]. Journal of Experimental Biology, 2014, 217(4):518-25.

Sakamoto Y, Iishiguro M, KitagawaI G. Akaike information criterion statistics[M]. Dordrecht, The Netherlands: D. Reidel, 1986.

Salisbury J, Green M, Hunt C, et al., Coastal Acidification by Rivers: A Threat to Shellfish?[J]. Eos Transactions American Geophysical Union, 2008, 89(50).

Sampaio E, Lopes A R, Francisco S, et al., Ocean acidification dampens physiological stress response to warming and contamination in a commercially-important fish (*Argyrosomu sregius*)[J]. Science of the Total Environment, 2018, 618: 388-398.

Sarma V, Saino T, Sasaoka K, et al., Basin-scale pCO_2 distribution using satellite sea surface temperature, Chl-a, and climatological salinity in the North Pacific in spring and summer[J]. Global Biogeochemical Cycles, 2006, 20(3), 1-13.

Segman R F, Dubinsky Z, Iluz D. Impacts of ocean acidification on calcifying macroalgae: Padina sp. as a test case–a review[J]. Israel Journal of Plant Sciences, 2016: 1-8.

Seibel B A, Drazen J C. The rate of metabolism in marine animals: environmental constraints, ecological demands and energetic opportunities[J]. philosophical Transactions of the Royal Society B: Biological Sciences, 2007, 362(1487): 2061-2078.

Spady B L, Watson S A, Chase T J, et al., Projected near-future CO_2 levels increase activity and alter defensive behaviours in the tropical squid *Idiosepius pygmaeus*[J]. Biology Open, 2014, 3(11):1063-1070.

Sperfeld E, Mangor-Jensen A, Dalpadado P. Effect of increasing sea water pCO_2, on the northern Atlantic krill species *Nyctiphanes couchii*[J]. Marine Biology, 2014, 161(10):2359-2370.

Sswat M, Stiasny M H, Taucher J, et al., Food web changes under ocean acidification promote herring larvae survival[J]. Nature Ecology & Evolution, 2018, 2(5): 836-840.

Stiasny M H, Mittermayer F H, Göttler G, et al., Effects of parental acclimation and energy limitation in response to high CO_2 exposure in Atlantic cod[J]. Scientific Reports, 2018, 8(1): 8348.

Stiasny M H, Mittermayer F H, Sswat M, et al., Ocean acidification effects on Atlantic cod larval survival and recruitment to the fished population[J]. PLoS one, 2016, 11(8): e0155448.

Sunday J M, Calosi P, Dupont S, et al., Evolution in an acidifying ocean[J]. Trends in Ecology & Evolution, 2014, 29(2): 117-25.

Sunday J M, Crim R N, Harley C D G, et al., Quantifying rates of evolutionary adaptation in response to ocean acidification[J]. PLoS One, 2011, 6(8): e22881.

Sundin J, Rosenqvist G, Berglund A. Altered oceanic pH impairs mating propensity in a pipefish[J]. Ethology, 2013, 119(1): 86-93.

Suwa R, Nakamura T, Iguchi A, et al., A review of the influence of ocean acidification on marine organisms in coral reefs[J]. Oceanography in Japan, 2010, 19: 21-40.

Teh L C L, Sumaila U R. Contribution of marine fisheries to worldwide employment[J]. Fish and Fisheries, 2013, 14(1): 77-88.

Thomsen J, Casties I, Pansch C, et al., Food availability outweighs ocean acidification effects in juvenile *Mytilus edulis*: laboratory and field experiments[J]. Global Change Biology, 2013, 19(4): 1017-1027.

Thor P, Dupont S. Transgenerational effects alleviate severe fecundity loss during ocean acidification in a ubiquitous planktonic copepod[J]. Global Change Biology, 2015, 21(6):

2261-2271.

Tian S Q, Chen X J, Chen Y, et al., Evaluating habitat suitability indices derived from CPUE and fishing effort data for *Ommatrephes bratramii* in the northwestern Pacific Ocean[J]. Fisheries Research, 2009, 95(2-3):0-188.

Tittensor D P, Baco A R, Hall-Spencer J M, et al., Seamounts as refugia from ocean acidification for cold-water stony corals[J]. Marine Ecology, 2010, 31(S1): 212-225.

Tseng Y C, Hu M Y, Stumpp M, et al., CO_2-driven seawater acidification differentially affects development and molecular plasticity along life history of fish (*Oryzias latipes*)[J]. Comparative Biochemistry and Physiology Part A: Molecular & Integrative Physiology, 2013, 165(2): 119-130.

Van Heuven S, Pierrot D, Rae J W B, et al., CO2SYS v 1. 1, MATLAB program developed for CO2 system calculations, ORNL/CDIAC-105b[J]. Carbon Dioxide Information Analysis Center, Oak Ridge National Laboratory, US DoE, Oak Ridge, TN, 2011.

Van Vuuren D P, Riahi K, Moss R, et al., A proposal for a new scenario framework to support research and assessment in different climate research communities[J]. Global Environmental Change, 2012, 22(1): 21-35.

Vargas C A, de la Hoz M, Aguilera V, et al., CO_2-driven ocean acidification reduces larval feeding efficiency and changes food selectivity in the mollusk *Concholepas concholepas*[J]. Journal of Plankton Research, 2013, 35(5): 1059-1068.

Wallace R B, Baumann H, Grear J S, et al., Coastal ocean acidification: The other eutrophication problem[J]. Estuarine, Coastal and Shelf Science, 2014, 148: 1-13.

Wang J, Hu H, Mizobata K, et al., Seasonal variations of sea ice and ocean circulation in the Bering Sea: A model-data fusion study[J]. Journal of Geophysical Research: Oceans, 2009, 114(C02011): 1-24.

Wang Q, Cao R, Ning X, et al., Effects of ocean acidification on immune responses of the Pacific oyster *Crassostrea gigas*[J]. Fish & Shellfish Immunology, 2016, 49: 24-33.

Whiteley N M. Physiological and ecological responses of crustaceans to ocean acidification[J]. Marine Ecology Progress, 2011, 430(5): 257-271.

Wittmann A C, Pörtner H O. Sensitivities of extant animal taxa to ocean acidification[J]. Nature Climate Change, 2013, 3(11): 995-1001.

Wynn J G, Robbins L L, Anderson L G. Processes of multibathyal aragonite undersaturation in the Arctic Ocean[J]. Journal of Geophysical Research: Oceans, 2016, 121(11): 8248-8267.

Xu L L, Chen X J, Guan W J, et al., The impact of spatial autocorrelation on CPUE standardization between two different fisheries[J]. Journal of Oceanology and Limnology, 2018, 36(3): 973-980.

Xu X, Zheng N, Zang K, et al., Aragonite saturation state variation and control in the river-dominated marginal Bohai and Yellow seas of China during summer[J]. Marine Pollution Bulletin, 2018, 135: 540-550.

Yamamoto A, Kawamiya M, Ishida A, et al., Impact of rapid sea-ice reduction in the Arctic Ocean on the rate of ocean acidification[J]. Biogeosciences, 2012, 9(6): 2365.

Yamamoto-Kawai M, Mclaughlin F A, Carmack E C, et al.,, Aragonite undersaturation in the Arctic Ocean: effects of ocean acidification and sea ice melt[J]. Science, 2009, 326(5956):1098-1100.

Yamamoto-Kawai M, McLaughlin F, Carmack E. Ocean acidification in the three oceans surrounding northern North America[J]. Journal of Geophysical Research: Oceans, 2013, 118(11): 6274-6284.